高等学校机械类专业“十三五”规划教材

金工实习

主编　周　前　王红阁
主审　马东晓

西安电子科技大学出版社

内 容 简 介

本书包括绪论和8章内容，可分为四大模块：金工实习必读知识(绪论)，涉及金工实习的主要内容、教学环节、目标要求、学习方法、考核标准及实习注意事项等；材料及成型技术(第1、2章)，内容包括金属材料及其热处理、焊接成型；传统切削加工成型技术(第3～6章)，内容包括车削、铣削、刨削加工及钳工；现代制造技术(第7、8章)，内容包括数控车削、特种加工等。每章都配有实习报告，使学生在每一工种实习结束后能学有所思，复习并巩固所学知识，完善学习过程，拓宽知识面。

本书可作为普通高等院校工科类及相关专业的金工实习教材，还可供有关工程技术人员参考。

图书在版编目(CIP)数据

金工实习／周前，王红阁主编. —西安：西安电子科技大学出版社，2019.7

ISBN 978-7-5606-5390-7

Ⅰ. ① 金…　Ⅱ. ① 周…　② 王…　Ⅲ. ① 金属加工—实习—高等学校—教材　Ⅳ. ① TG-45

中国版本图书馆 CIP 数据核字(2019)第 130028 号

策划编辑　秦志峰

责任编辑　秦志峰

出版发行　西安电子科技大学出版社(西安市太白南路2号)

电　　话　(029)88242885　88201467　　邮　　编　710071

网　　址　www.xduph.com　　电子邮箱　xdupfxb001@163.com

经　　销　新华书店

印刷单位　陕西天意印务有限责任公司

版　　次　2019年7月第1版　　2019年7月第1次印刷

开　　本　787毫米×960毫米　1/16　　印　张　11

字　　数　215千字

印　　数　1～3000册

定　　价　28.00元

ISBN 978-7-5606-5390-7 / TG

XDUP 5692001-1

前言

“金工实习”作为一门实践性很强的技术基础课，是高等院校工科专业学生学习机械制造基础的基本工艺方法、完成工程基本训练、培养工程素质的必修课。随着高等工科院校实习条件的不断改善和实践教学环节改革的不断深入，金工实习的内容不仅包括传统实习所涉及的传统机械制造方面的各种加工工艺技术，还包括数控加工、特种加工等非传统实习内容在内的现代加工技术的训练，同时还包括工业安全等方面的综合训练内容。编者结合这些变化并根据教育部颁布的“工科金工实习课程教学基本要求”和“工程材料及机械制造基础教学基本要求”，并考虑应用型本科人才培养要求和应用型本科院校的金工实习实践教学的特点而编写了本书。

本书在教学内容的选择上本着实用、精炼的原则，以目前大多数工科院校金工实习的基本条件为依据，按实习内容属性将全书分为四大模块内容：金工实习必读知识，内容涉及金工实习的主要内容、教学环节、目标要求、学习方法、考核标准、安全知识等；材料及其成型技术，内容包括金属材料及其热处理、焊接成型；传统切削加工成型技术，内容包括车削、铣削、刨削加工及钳工；现代制造技术，内容包括数控加工、特种加工等。

本书在编写上坚持以“学习工艺知识，增强工程实践能力，提高综合素质，培养创新意识和创新能力”为宗旨，充分考虑应用型本科人才培养的特点。

本书由河南城建学院的周前和王红阁担任主编。河南城建学院的马东晓教授担任本书主审，他提出了许多宝贵意见和建议，在此表示感谢！

限于编者的水平和经验，书中难免有不足之处，恳请广大读者批评指正。

编　者

2019 年 6 月

目　录

绪论 1

0.1 金工实习的主要内容、教学环节、目标要求和学习方法 1

0.1.1 主要内容 1

0.1.2 教学环节 2

0.1.3 实习目标及要求 2

0.1.4 学习方法 3

0.2 实习注意事项 4

0.3 实习考核参考评分标准 5

第 1 章　工程材料及钢的热处理 7

1.1 工程材料 7

1.1.1 金属材料 7

1.1.2 非金属材料 11

1.1.3 复合材料 12

1.2 钢的热处理 13

1.2.1 概述 13

1.2.2 钢的普通热处理 13

1.2.3 钢的表面热处理 15

1.3 工程材料及钢的热处理实习报告相关内容 16

第 2 章　焊接 17

2.1 概述 17

2.2 焊条电弧焊 17

2.2.1 焊接过程和焊接电弧 18

2.2.2 焊接设备与工具 18

2.2.3 电焊条 21

2.2.4 焊接接头形式、坡口形式和焊接位置 22

2.2.5 焊接工艺参数 23

2.2.6 焊条电弧焊的基本操作 24

2.3 气焊和气割 25

2.3.1 气焊 25

2.3.2 气割 29

2.4 气体保护焊 30

2.4.1 二氧化碳气体保护焊 30

2.4.2 氩弧焊 32

2.5 焊接缺陷分析与质量检验 33

2.5.1 焊接缺陷 33

2.5.2 焊件质量检验 34

2.6 其他焊接与切割方法 35

2.6.1 埋弧自动焊接 35

2.6.2 电阻焊 36

2.6.3 电渣焊 37

2.6.4 钎焊 38

2.6.5 真空电子束焊 38

2.6.6 激光焊接与切割 38

2.6.7 等离子焊接与切割 38

2.7 典型零件焊接训练 39

2.8 焊接实习报告相关内容 40

第3章　车削加工……41
3.1　概述……41
3.1.1　车削加工范围……41
3.1.2　车削用量三要素及合理选择……42
3.2　零件的加工质量及其检验……43
3.2.1　零件的加工精度及其检验……43
3.2.2　表面结构……45
3.3　常用量具及其使用方法……45
3.4　车床……48
3.4.1　卧式车床及其传动系统……48
3.4.2　其他类型车床及其应用……56
3.5　车刀及其安装……58
3.5.1　车刀的材料……58
3.5.2　车刀的组成部分……59
3.5.3　车刀的类型及结构……59
3.5.4　车刀的几何角度……60
3.5.5　车刀的安装与刃磨……61
3.6　车削的基本工序……62
3.6.1　车端面、钻中心孔……62
3.6.2　车外圆和台阶……63
3.6.3　切槽和切断……64
3.6.4　车削锥面……65
3.6.5　车成型面……67
3.6.6　车床上加工孔……68
3.6.7　车螺纹(车床上加工)……69
3.6.8　滚花……72
3.7　典型零件的车削加工……72
3.8　车削实习报告相关内容……75

第4章　铣削加工……76
4.1　概述……76
4.2　铣床与铣刀……77
4.2.1　铣床……77
4.2.2　铣刀及铣刀的安装……79
4.2.3　铣床附件……80
4.2.4　铣削方式……82
4.3　铣削的基本工序……83
4.4　齿轮齿形的加工……84
4.4.1　铣齿……84
4.4.2　插齿……85
4.4.3　滚齿……86
4.5　铣削训练课题举例……87
4.6　铣削实习报告相关内容……88

第5章　刨削加工……89
5.1　概述……89
5.2　刨床与刨刀……90
5.2.1　牛头刨床的组成及其功能……90
5.2.2　其他刨削类机床……91
5.2.3　刨刀及其装夹……93
5.2.4　刨削工件的装夹……94
5.3　刨削的基本工序……95
5.4　刨削实习报告相关内容……98

第6章　钳工……99
6.1　概述……99
6.1.1　钳工工作范围……99
6.1.2　钳工常用的设备……99
6.2　划线……100
6.2.1　划线的作用与分类……100
6.2.2　划线工具及其用途……101
6.2.3　划线基准……104
6.2.4　划线步骤及示例……105
6.3　钳台操作……106

6.3.1 錾削 106
6.3.2 锯削 108
6.3.3 锉削 110
6.4 孔加工 114
6.4.1 钻床 114
6.4.2 孔加工用夹具 115
6.4.3 钻孔 115
6.4.4 扩孔和铰孔 117
6.4.5 锪孔与锪平面 118
6.4.6 攻螺纹与套螺纹 119
6.5 钳工工艺实训 121
6.6 钳工实习报告相关内容 128

第7章 数控加工 129
7.1 概述 129
7.2 数控车削 129
7.2.1 数控车床 129
7.2.2 数控车削工艺 131
7.2.3 数控车削编程 135
7.2.4 数控车削加工工艺实例及分析 146
7.3 数控加工实习报告相关内容 147

第8章 特种加工 149
8.1 概述 149
8.2 电火花加工 149
8.2.1 电火花成型加工 149
8.2.2 电火花线切割加工 154
8.3 特种加工实习报告相关内容 162

附录1 学生金工实习安全承诺书 163
附录2 金工实习成绩评定表 165
参考文献 167

绪　论

金工实习是以机械制造为主要内容的一门实践性的技术基础课，是高等工科院校大多数专业学生进行金工实习、学习工艺知识、培养工程意识、提高综合素质的重要实践教学环节。机械类专业的金工实习是工程材料及机械制造基础系列课程教学的组成部分，是学生学习系列课程中的先修课；同样，金工实习也是非机械类相关专业培养计划中了解机械制造一般过程及基本知识的唯一课程。

由于过去机械加工都是以金属材料为加工对象，便有了“金属加工工艺”(简称“金工”)的说法。随着材料科学的不断发展，许多金属材料被非金属材料所代替，许多机械产品是用非金属材料制成的，如用塑料、陶瓷等，所以名词“金工实习”具有一定的局限性。目前，大部分理工科院校的金工实习中心的金工实习既包括了金属材料和非金属材料的加工，又包括了传统的加工工艺方法和先进的加工方法(如数控加工、特种加工)。学生在进行各工种金工实习时，通过实际操作与练习，可以获得各种加工方法的感性认识，初步学会使用有关机器设备、刀具、量具和夹具等，并提高实践动手能力。通过参观、指导人员的现场讲解、演示和讲座等教学环节，能了解机械产品是用什么材料制造的，机械产品是怎样制造出来的，从而学到许多机械制造的基本工艺知识。

金工实习不同于课堂教学的理论课，也不同于以验证理论和原理为主的实验课，而是采取工厂化的管理模式，利用对工程技术人员进行素质训练和培养的工作学习环境，以设备操作和零件加工为主要内容，以培养学生的动手能力和工程意识、积累机械工程领域的感性知识为主要目的的实习课，且能为后续专业的理论学习、课程设计、毕业设计以及从事的工程技术工作建立实践基础，具有其他理论课程和实验课程不可替代的作用。总之，金工实习是对学生成为工程技术人员所应具备的基本知识和基本技能等综合素质进行培养和训练，是绝大多数工科专业以及部分理科专业大学生的必修课程。

0.1　金工实习的主要内容、教学环节、目标要求和学习方法

0.1.1　主要内容

本书以目前大多数工科院校采用的实习项目安排章节内容，按实习内容属性将全书分

为四大模块内容：第一模块内容为学生参加金工实习的必读与安全等方面的知识，目的是便于学生在实习前了解金工实习的内容、目的和要求并进行纪律与安全教育；第二模块为材料及其成型技术，内容包括钢的热处理、焊接成型等；第三模块为机械加工技术，内容包括车削加工、铣削加工、刨削加工、钳工等；第四模块为数控加工技术，内容包括数控车削加工、数控线切割、电火花加工等，全书共8章。

机械制造专业知识内容丰富，但金工实习涉及的深奥理论和原理并不多，经过认真的实习和基本的归纳总结一定能取得较好的效果。金工实习强调的是实践性和能力培养，其物化成果是零件，能使学生产生自我价值实现的感觉。要成为一名工程技术高级人才，不亲自经历机械制造的基本过程，不接触机床设备和车间厂房，不经过基本的训练，如果仅凭参观了解或通过书本理论学习，是根本不行的。

0.1.2 教学环节

金工实习在校内实习工厂或金工实习中心内按工种进行，通过参观、现场教学、实际操作、实习报告、作品考核和理论考试等多种方式开展教学。其主要的教学环节如下：

(1) 示讲、示演：这是金工实习的基础性环节，通过它学生获取相关理论知识和各种加工方法的感性认识。

(2) 实际操作：这是金工实习的主要环节，通过实际操作，学生可以初步掌握各种加工方法的基本操作技能，初步学会使用相关的设备和工具。

(3) 专题讲课：这是指导教师就某些工艺问题安排的专题讲解，它是在实际操作的基础上进行的，以扩大学生必要的工艺知识面。

(4) 综合练习：这是学生运用所学的知识和技能，独立分析和解决一个具体的工艺问题，并亲自付诸实践的一种综合性训练。

0.1.3 实习目标及要求

1. 目标

(1) 了解各工种的主要内容、工艺特点和在产品加工过程中的作用。

(2) 了解主要设备的结构、用途，掌握其基本操作方法。

(3) 学会正确使用常规工具、量具和夹具。

(4) 了解车间布置形式和厂房结构。

(5) 熟悉管理制度、图纸、工艺文件和安全要求。

2. 要求

在金工实习过程中，“增强工程意识和提高工程素质”的要求是一个综合体，应贯穿于实习过程的始终。

(1) 学习工艺知识。高等工科院校的学生，除了具备一定的理论知识和专业知识外，还必须具备一定的机械制造的基本工艺知识。金工实习不同于一般的理论课，它主要是通过自身的实践来获取机械制造的基本工艺知识，这些知识是各相关工科专业学生学习后续课程及进行毕业设计乃至以后工作的必要基础。

(2) 增强实践能力。实践能力包括动手能力、在实践中获取知识的能力、运用所学知识及技能独立分析和解决工艺问题的能力。亲自动手操作机床设备，使用各种工具、量具、夹具、刀具的金工实习是增强实践能力的最好途径。

(3) 提高综合素质。作为一个工程技术人员，综合素质包括艰苦奋斗的创业精神、团结勤奋的工作态度、严谨求实的科学作风、良好的心理素质及较高的工程素养(市场意识、管理意识、法律意识、竞争意识、经济意识、质量意识、环境意识和安全意识)等内容。金工实习是在最接近真实的工厂环境下进行的，对于大多数学生来讲，这基本上是第一次接触工人，第一次通过理论与实践的结合来检验自身的学习效果，第一次接受社会化生产的熏陶。学生将亲身体会到劳动的艰辛，体验到成果的来之不易，从而增强对劳动人民的感情，加强对工程素质培养的认识。

创新是一个民族的灵魂，是一个国家兴旺发达的不竭动力。创新能力的培养是教育的基本要求，也是金工实习的主要目标。金工实习基地设备齐全，贴近现代企业的大工程背景，能为培养创新能力提供合适的平台。在金工实习中，学生可接触到多种机械、电气设备和电子设备，了解、熟悉和掌握其中一部分设备的结构、原理和使用方法。这些设备也是发明创造，反映了创造者的智慧。在实际工程环境下学习，有利于培养学生的创新意识和能力。

0.1.4　学习方法

金工实习是一门实践性很强的课程，它与一般的理论性课程不一样，主要的学习课堂不是在教室，而是在金工实习中心或工业培训中心的实习车间。金工实习中心一般都有一套完整的实习管理制度(如安全卫生制度、设备管理制度和设备操作规程等)，制定这些管理制度的目的主要是为了防止发生人身安全和设备安全事故。必须知道，安全是一个人一生都不能忽视的重要问题，任何时候忽视了安全，随之而来的就是危险和灾难。“注意安全”这四个字应当像影子般伴随着人的一生。同时，学生在校的安全事故较之一般的安全

事故有着更加恶劣的社会影响。

金工实习中，学生应注意以下几点：

(1) 牢固树立“安全第一”的思想。金工实习与其他课程的最大不同是教学主要是在工厂环境下进行的，人身安全和设备安全是需要高度关注的问题。学生进行金工实习之前，必须接受有关纪律和安全的教育，并以适当方式进行必要的考核，未经过纪律教育和安全教育的学生，不得参加金工实习。在实习时，要注意遵守各项规定，注意设备上的提示；一般的实习车间悬挂有相关的安全提示和操作规程展示板，要认真观看。

(2) 金工实习实践性强，其教学方式以现场指导教师的言传身教为主，但实习前还是应当自觉预习教材的有关章节，以提高学习效率。

(3) 金工实习中，学生应善于观察、积极思考，要注意将已经学习过的和正在学习的理论知识应用到实习过程中，去分析和解决实习中所发现的问题和现象。

(4) 要认真理解每章节前的教学基本要求，高度重视每章节后的复习思考与练习、实习报告和教师布置的作业，以便巩固所学的知识。

(5) 要注意培养自己的创新意识和创新能力。例如，观察实习场所有哪些设备或工具需要进行进一步的改进；又如指导教师所指定的具有创新性设计要求的相关作业和训练，应积极思考，认真独立地完成。

(6) 实习场所环境较差并且实习具有一定的劳动强度，必须注意调整心态，克服怕脏、怕苦、怕累的思想，增强劳动观念。

0.2 实习注意事项

1. 严格遵守考勤制度

(1) 学生在实习期间，应遵守金工实习中心上下班制度，遵守实习纪律，不得迟到、早退或无故不参加实习。

(2) 学生请病假，必须持医生证明。

(3) 实习期间学生一般不得请事假。因特殊情况必须请事假者，需写请假条经院系有关部门批准后，持相关证明向金工实习中心办公室办理请假手续，并将假条送交实习指导教师。

(4) 院系或其他单位要抽调实习学生去做其他事情，须经教务处批准。单位或个人都不能擅自抽调实习学生。

(5) 实习期间如遇有全校性会议或体育比赛等要参加，必须持证明由教务处批准。

(6) 学生的考勤由实习指导教师执行，学生缺勤按实际时间记入记分册中，作为考核依据之一。

2. 实习注意事项

(1) 严格遵守各工种实习安全技术操作规程，严禁违章操作。未经指导教师许可，不得擅自操作任何设备、电闸、开关和手柄。

(2) 必须按各工种要求穿戴好全部防护用品，如身着工作服及工作鞋，长发者须戴工作帽等。禁止穿无袖上衣、裙子、短裤、八分裤、拖鞋、凉鞋、高跟鞋及其他不符合要求的服装，禁止敞胸露怀，禁止戴围巾。机械加工时禁止戴手套，焊接时须戴防护眼镜，焊接训练须穿长袖衣服等。

(3) 不准在实习场所高声喧哗、追逐和打闹。操作时不准接打电话、戴耳机听音乐等，要集中注意力，不做与实习无关之事，以免发生安全事故。

(4) 实习中如有事故发生，应迅速切断电源，保护好现场，并立刻向指导老师报告，等候处理。

(5) 实习中如发现所用仪器设备不正常或仪器设备出现故障，应立刻拉下电闸或关闭电源，停止实习并及时报告指导教师，待查明原因排除故障后方可再进行实习。

(6) 2 名以上的学生同时操作一台机器时，须密切配合，开机时应打招呼，以免发生事故。

(7) 严禁请人代替实习，违反者视同考试作弊，将按有关规定处理。

(8) 实习中要注意理论联系实际，培养工程意识、工程能力、创新意识和创新能力，提高综合素质。

(9) 尊重教师，服从管理，认真听讲，规范操作，不得随意串岗。实习完毕后，须整理及清点工具，并做好仪器设备和地面的清洁工作。

(10) 金工实习是按项目和工种进行的，学生应在实习中完成规定的每一项环节，其所缺实习环节必须补齐，否则不给评定成绩。

0.3　实习考核参考评分标准

金工实习是多工种集合的一门实践课程，其环节较多，考核标准应根据学校和工种的不同而有所差异，但均应坚持客观、公正和全面的原则。表 0-1 中所列的考核项目是根据大多数工种训练中心目前的实际情况来确定的。

表 0-1 实习考核参考评分标准

序 号	项 目	分 值	考 核 细 则	评分标准
1	安全操作	15	(1) 严格遵守操作规程，无事故或事故苗头	得 15 分
			(2) 遵守操作规程，有小事故或事故苗头	得 10 分
			(3) 未遵守操作规程，导致较大事故	扣 15～20 分
			(4) 违反操作规程，导致重大事故或严重后果	严肃处理
2	实习任务完成情况	35	(1) 全部完成实习加工零件，质量符合要求	得 35 分
			(2) 质量基本符合要求	得 30 分
			(3) 工件报废	扣 10～35 分
3	动手和创新能力	35	(1) 操作熟练，工(量)具使用正确，独立工作能力强，设计制作新颖	得 30～35 分
			(2) 操作基本熟练，动手能力一般，设计制作一般	得 25 分
			(3) 指导教师需要重点指导，动手能力较差	扣 15 分
			(4) 出现问题多，动手能力差	扣 20 分
4	文明实习	5	(1) 工具摆放整齐	全部符合要求得 5 分，否则扣 5 分
			(2) 机床干净	
			(3) 实习场地清洁	
5	实习态度	10	(1) 严格遵守金工实习各项规定	得 10 分
			(2) 不听从指导教师管理，违反实习考勤制度	扣 5～10 分
			(3) 严重违反金工实习纪律要求，造成不良影响	严肃处理

第 1 章　工程材料及钢的热处理

1.1　工 程 材 料

工程材料是在各工程领域中使用的材料。工程上使用的材料种类繁多，有许多不同的分类方法。最为常用的分类方法是按化学成分及结合键的特点，将工程材料分为金属材料、非金属材料和复合材料三大类，见表 1-1。金属材料又可分为黑色金属材料和有色金属材料。其中，黑色金属材料主要是指铁基金属合金，包括碳素钢、合金钢、铸铁等；其余金属材料则属于有色金属材料，包括轻金属及其合金、重金属及其合金等。非金属材料又可分为陶瓷等无机非金属材料和塑料等有机高分子材料。由上述两种或两种以上成分不同的材料经人工合成后，获得优于组成材料特性的材料称为复合材料。

表 1-1　工程材料的分类举例

<table>
<tr><td rowspan="6">工程材料</td><td rowspan="2">金属材料</td><td>黑色金属材料</td><td>碳素钢、合金钢、铸铁等</td></tr>
<tr><td>有色金属材料</td><td>铝、镁、铜、锌及其合金等</td></tr>
<tr><td rowspan="3">非金属材料</td><td>无机非金属材料</td><td>陶瓷(水泥、陶瓷、玻璃)</td></tr>
<tr><td rowspan="2">有机高分子材料</td><td>合成高分子(塑料、合成纤维、合成橡胶)</td></tr>
<tr><td>天然高分子(木材、纸、纤维、皮革)</td></tr>
<tr><td>复合材料</td><td></td><td>金属基复合材料、塑料基复合材料、橡胶基复合材料、陶瓷基复合材料等</td></tr>
</table>

1.1.1　金属材料

金属材料是由金属元素或以金属元素为主、其他金属或非金属元素为辅构成的，并具有金属特性的工程材料。金属材料历史悠久，在其制备、加工、使用及材料的研究等方面已经形成了一套完整的系统，拥有一整套成熟的生产技术和巨大的生产能力，并且经受了在长期使用过程中各种环境的考验，具有稳定可靠的质量和较高性价比以及其他任何材料不能完全替代的优越性能。因此，金属材料在国民经济中占有重要位置。

1. 常用金属材料

1) 碳素钢

碳素钢是指碳的质量分数小于 2.11%和含有少量硅、锰、硫、磷等杂质元素所组成的铁碳合金，简称碳钢。其中，锰、硅是有益元素，对钢有一定强化作用；硫、磷是有害元素，会分别增加钢的热脆性和冷脆性，应严格控制。碳素钢的价格低廉、工艺性能良好，在机械制造中应用广泛。常用碳素钢的牌号及用途见表 1-2。

表 1-2　常用碳素钢的牌号及用途

名称	牌号	应用举例	说　明
碳素结构钢	Q215A 级	承受载荷不大的金属结构件，如薄板、铆钉、垫圈、地脚螺栓及焊接件等	碳素钢的牌号是由代表钢材屈服强度的字母 Q、屈服强度值、质量等级符号和脱氧方法四个部分组成的。其中质量等级共分为四级，分别以 A、B、C、D 表示
	Q235 A 级	金属结构件、钢板、钢筋、型钢、螺母、连杆、拉杆等，Q235 C、Q235 D 可用作重要的焊接件	
质碳素结构钢	15	强度低，塑性好，一般用于制造受力不大的冲压件，如螺栓、螺母、垫圈等。经过渗碳处理或氰化处理可用作表面要求耐磨、耐腐蚀的机械零件，如凸轮、滑块等	牌号的两位数字表示平均碳含量的万分数，45 钢即表示平均碳的质量分数为 0.45%。含锰量较高的钢，须加注化学元素符号“Mn”
	45	综合力学性能和切削加工性能均较好，用于强度要求较高的重要零件，如曲轴、传动轴、齿轮、连杆等	
碳素工具钢	T8 T8A	有足够的韧性和较高的硬度，用于制造能承受振动的工具，如钻中等硬度的岩石的钻头、简单模子、冲头等	用“碳”或“T”，后附以平均碳含量的千分数表示，有 T7～T13，平均碳的质量分数为 0.7%～1.3%
铸钢	ZG200—400	有良好的塑性、韧性和焊接性能，用于受力不大、要求韧性好的各种机械零件，如机座、变速箱壳等	“ZG”代表铸钢。其后面第一组数字为屈服强度(MPa)，第二组数字为抗拉强度(MPa)。200—400 表示屈服强度为 200 MPa、抗拉强度为 400 MPa 的铸钢

2) 合金钢

为了改善和提高钢的性能，在碳钢的基础上加入其他合金元素的钢称为合金钢。常用的合金元素有硅、锰、铬、镍、钨、钼、钒、稀土元素等。合金钢具有耐低温、耐腐蚀、高磁性、高耐磨性等良好的特殊性能，在工具或力学性能、工艺性能要求高的、形状复杂的大截面零件或有特殊性能要求的零件方面得到了广泛应用。常用合金钢的牌号、性能及用途见表 1-3。

表 1-3　常用合金钢的牌号、性能及用途

种　类	牌　号	性能及用途
普通低合金结构钢	9Mn2，10MnSiCu，16Mn，15MnTi	强度较高，塑性良好，具有焊接性和耐蚀性，用于建造桥梁、车辆、船舶、锅炉、高压容器、电视塔等
渗碳钢	20CrMnTi，20Mn2V，20Mn2TiB	心部的强度较高，用于制造重要的或承受重载荷的大型渗碳零件
调质钢	40Cr，40Mn2，30CrMo，40CrMnSi	具有良好的综合力学性能(高的强度和足够的韧性)，用于制造一些复杂的重要机器零件
弹簧钢	65Mn，60Si2Mn，60Si2CrVA	淬透性较好，热处理后组织可得到强化，用于制造承受重载荷的弹簧
滚动轴承钢	GCr9，GCrl 5，GCrl5SiMn	用于制造滚动轴承的滚珠、套圈

3) 铸铁

碳的质量分数大于 2.11%的铁碳合金称为铸铁。铸铁含有的碳和杂质较多，其力学性能比钢差，不能锻造。但是，铸铁具有优良的铸造性、减振性、耐磨性等特点，加之价格低廉、生产设备和工艺简单，是机械制造中应用最多的金属材料。资料表明，铸铁件占机器总质量的 45%～90%。常用铸铁的牌号及用途见表 1-4。

表 1-4　常用铸铁的牌号及用途

名称	牌号	应用举例	说　明
灰铸铁	HTl50	用于制造端盖、泵体、轴承座、阀壳、管子及管路，附件、手轮，一般机床底座、床身、滑座、工作台等	“HT”为“灰铁”两字汉语拼音的首字母，后面的一组数字表示试样的最低抗拉强度，HT200 表示灰口铸铁的抗拉强度为 200 MPa
	HT200	承受较大载荷和较重要的零件，如气缸、齿轮、底座、飞轮、床身等	
球墨铸铁	QT400—18 QT450—10 QT500—7 QT800—2	广泛用于机械制造业中受磨损和受冲击的零件，如曲轴(一般用 QT500—7)、齿轮(一般用 QT450—10)、气缸套、活塞环、摩擦片、中低压阀门、千斤顶座、轴承座等	“QT”是球墨铸铁的代号，它后面的数字表示最低抗拉强度和最低伸长率。如 QT500—7 即表示球墨铸铁的抗拉强度为 500 MPa、断后伸长率为 7%
可锻铸铁	KTH300—06 KTH330—08 KTZ450—06	用于受冲击、振动等零件，如汽车零件、机床附件(如扳手)、各种管接头、低压阀门、农具等	“KTH”“KTZ”分别是黑心和白心可锻铸铁的代号，其后面的数字分别代表最低抗拉强度和最低断后伸长率

4) 有色金属及其合金

有色金属的种类繁多，虽然其产量和使用量不及黑色金属，但是由于它具有某些特殊性能，故已成为现代工业中不可缺少的材料。常用有色金属及其合金的牌号及用途见表 1-5。

表 1-5　常用有色金属及其合金的牌号及用途

名称	牌　号	应用举例	说　明
纯铜	T	电线、导电螺钉、贮藏器及各种管道等	纯铜分 T1～T4 四种。T1(一号铜)铜的质量分数为 99.95%，T4 铜的质量分数为 99.50%
普通黄铜	H62	散热器、垫圈、弹簧、各种网、螺钉及其他零件等	“H”表示黄铜，后面的数字表示铜的质量分数，如 62 表示铜的质量分数为 60.5%～63.5%
纯铝	1070A l060 1050A	电缆、电气元件、装饰件及日常生活用品等	铝的质量分数为 99.7%～98%
铸铝合金	ZL102	耐磨性中上等，用于制造负荷小大的薄壁零件等	“Z”表示铸，“L”表示铝，后面的数字表示顺序号。ZL1 02 表示 Al—Si 系 02 号合金

2. 金属材料的性能

金属材料的性能分为使用性能和工艺性能，见表 1-6。

表 1-6　金属材料的性能

<table>
<tr><td colspan="3">性能名称</td><td>性 能 内 容</td></tr>
<tr><td rowspan="7">使用性能</td><td colspan="2">物理性能</td><td>包括密度熔点、导电性、导热性、磁性等</td></tr>
<tr><td colspan="2">化学性能</td><td>金属材料抵抗各种介质的侵蚀能力，如耐蚀性等</td></tr>
<tr><td rowspan="5">力学性能</td><td>强度</td><td>在外力作用下材料抵抗变形和破坏的能力，分为抗拉强度 σ_b、抗压强度 σ_{bc}、抗弯强度 σ_{bb}、抗剪强度 σ_τ，单位均为 MPa</td></tr>
<tr><td>硬度</td><td>衡量材料软硬程度的指标，较常用的硬度测定方法有布氏硬度(HBW)、洛氏硬度(HR)和维氏硬度(HV)等</td></tr>
<tr><td>塑性</td><td>在外力作用下材料产生永久变形而不发生破坏的能力。常用指标是断后伸长率 A(%)和断面收缩率 S(%)，A 和 S 越大，材料塑性越好</td></tr>
<tr><td>冲击韧度</td><td>材料抵抗冲击力的能力。常把各种材料受到冲击破坏时消耗能量的数值作为冲击韧度的指标，用 α_k(J/cm)表示。冲击韧度值主要取决于塑性、硬度，尤其是温度对冲击韧度值的影响具有更重要的意义</td></tr>
<tr><td>疲劳强度</td><td>材料在多次交变载荷作用下而不致引起断裂的最大应力</td></tr>
<tr><td colspan="3">工艺性能</td><td>包括热处理工艺性能、铸造性能、锻造性能、焊接性能、切削加工性能等</td></tr>
</table>

1.1.2　非金属材料

1. 有机非金属材料

有机非金属材料是以一类称为“高分子”的化合物(或称树脂)为主要原料，加入各种填料或助剂而制成的非金属材料，通常又称为有机高分子材料。有机高分子材料既包括日常所见的塑料、合成橡胶和合成纤维，也包括经常用到的涂料和黏合剂，以及日常较少见到的功能高分子材料，如用于水净化的离子交换树脂、人造器官等。

1) 塑料

塑料是以合成树脂为主要成分，加入适量的添加剂形成的一种加热会融化，冷却后可保持一定形状不变的高分子材料。合成树脂是由低分子化合物经聚合反应所获得的高分子化合物，如聚乙烯、聚氯乙烯、酚醛树脂等，树脂受热可软化，起黏结作用，塑料的性能主要取决于树脂。绝大多数塑料是以所用的树脂名称来命名的。

塑料按使用性能可分为通用塑料、工程塑料和耐热塑料三类。通用塑料的价格低、产量高，占塑料总产量的 3/4 以上，如聚乙烯、聚氯乙烯等。工程塑料是用于制造工程结构件的塑料，其强度大、刚度高、韧性好，如聚酰胺、聚甲醛、聚碳酸酯等。耐热塑料工作温度高于 150～200℃，但成本高，如聚四氟乙烯、有机硅树脂、芳香尼龙、环氧树脂等。塑料按受热后的性能可分为热塑性塑料和热固性塑料。热塑性塑料加热时可熔融并可多次反复加热使用；热固性塑料经一次成型后，受热不变形、不软化、不能回收再利用，只能塑压一次。

2) 合成橡胶

橡胶按原料来源分为天然橡胶和合成橡胶，合成橡胶在工程上应用得较为广泛。合成橡胶也属于高分子材料，与塑料的区别是，在很宽的温度范围(–50～150℃)内具有高弹性，有优良的伸缩性能和储能作用。常用的合成橡胶按应用分为通用橡胶(如丁苯橡胶、顺丁橡胶、氯丁橡胶等)和特种橡胶(如丁腈橡胶、硅橡胶、氟橡胶等)。

3) 合成纤维

合成纤维是呈黏流态的高分子材料经过喷丝工艺制成的。合成纤维一般都具有强度高、密度小、耐磨、耐蚀等特点，常用的合成纤维有涤纶、锦纶、腈纶等。

2. 无机非金属材料

无机非金属材料最典型的代表是陶瓷。与其他材料相比，陶瓷具有耐高温、抗氧化、耐腐蚀、耐磨耗等优异性能，可用作具有各种特殊功能的功能材料，如压电陶瓷、铁电陶瓷、半导体陶瓷及生物陶瓷等。

通常，人们把工程上所使用的高性能陶瓷称为新型陶瓷或精细陶瓷。新型陶瓷在很多方面突破了传统陶瓷的概念和范畴，是陶瓷发展史上一次革命性的变化。例如，原料由天然矿物发展为人工合成的超细、高纯的化工原料；工艺由传统手工生产发展为连续、自动，甚至超高温、超高压及微波烧结等新工艺；性能和应用由传统的仅用于生活和艺术的简单功能发展为具有电、声、光、磁、热和力学等多种功能。

新型陶瓷按化学成分主要可分为：

(1) 氧化物陶瓷：主要包括氧化铝、氧化锆、氧化镁、氧化铍、氧化钛等。

(2) 氮化物陶瓷：主要有氮化硅、氮化铝、氮化硼等。

1.1.3　复合材料

复合材料是由两种或两种以上材料(即基体材料和增强材料)复合而成的一类多相材料。复合材料保留了组成材料各自的优点，可获得单一材料无法具备的优良综合性能。它们是按照性能要求而设计的一种新型材料。复合材料已成为当前结构材料发展的一个重要趋势。用玻璃纤维增强树脂基为第一代复合材料，碳纤维增强树脂基为第二代复合材料，金属基、陶瓷基及碳基等复合材料则是目前正在发展的第三代复合材料。

复合材料的种类繁多，按基体分为金属基和非金属基两类。金属基主要有铝、镁、钛、铜等和它们的合金，非金属基主要有合成树脂、碳、石墨、橡胶、陶瓷、水泥等。按使用性能分，有结构复合材料和功能复合材料。

(1) 纤维增强材料。纤维增强材料指纤维、丝、颗粒、片材、织物等。纤维增强材料包括玻璃纤维、碳纤维、硼纤维、芳纶纤维、碳化硅纤维、氮化硅纤维、晶须(丝状单晶，直径很细，强度很高)、颗粒等。

(2) 树脂基复合材料。树脂基(又称聚合物基)复合材料以树脂为黏结材料，纤维为增强材料。其比强度和比模量大，耐疲劳、耐腐蚀、吸振性好，耐烧蚀、电绝缘性好。树脂基复合材料包括玻璃纤维增强热固性塑料、玻璃纤维增强热塑性塑料、石棉纤维增强塑料、碳纤维增强塑料、芳纶纤维增强塑料、混杂纤维增强塑料等。

(3) 碳-碳复合材料。碳-碳复合材料是指用碳纤维或石墨纤维或它们的织物作为碳基体骨架，埋入碳基质中增强基质所制成的复合材料。碳-碳复合材料可制成碳度高、刚度好的复合材料。在 1300℃以上，许多高温金属和无机耐高温材料都失去强度，唯独碳-碳复合材料的强度还稍有升高。其缺点是垂直于增强方向的强度低。

(4) 金属基复合材料。金属基复合材料是以金属、合金或金属间化合物为基体，含有增强成分的复合材料，与树脂基复合材料相比，金属基复合材料有较高的力学性能和高温强度，不吸湿，具有导电、导热性能，无高分子复合材料常见的老化现象。

1.2 钢的热处理

1.2.1 概述

钢的热处理是将钢以适当方式加热、保温和冷却，改变其内部或表面的组织结构，以获得所需的组织和性能的一种工艺方法。它不仅可以改善钢的工艺性能和使用性能，充分挖掘钢材的潜力，延长零件的使用寿命，提高产品质量，节约材料和能源，还可以消除钢材经铸造、锻造、焊接等热加工工艺造成的各种缺陷，细化晶粒、消除偏析、降低内应力，使组织和性能更加均匀。

钢的常用热处理方法有普通热处理(退火、正火、淬火和回火，如图 1-1 所示)和表面热处理(表面淬火、化学热处理和表面氧化处理)。

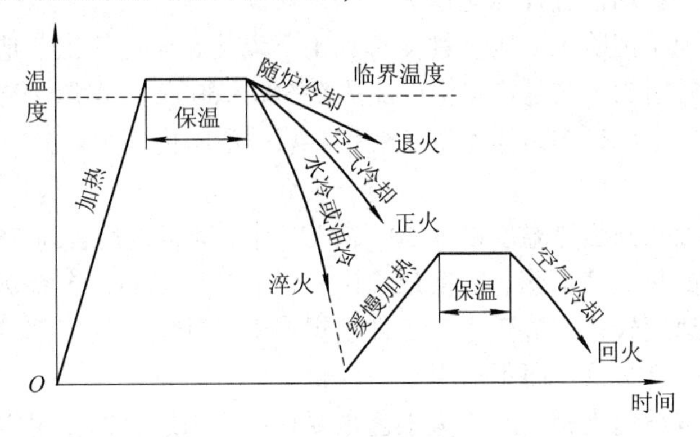

图 1-1　钢的普通热处理方法示意图

1.2.2 钢的普通热处理

1. 退火与正火

退火与正火一般是工件整个加工过程中的中间热处理，以消除前一道工序(如铸造、锻造、轧制、焊接等)所带来的各种组织和性能上的缺陷，并为后一道工序(如切削加工、热处理)做组织准备。

1) 退火

退火是将工件加热到一定温度(对于碳素钢而言为 740～880℃)，保温一定时间，然后缓慢冷却(通常随炉冷却)至室温，以获得接近于平衡组织的热处理工艺。退火的目的包括：

降低硬度，提高塑性，改善钢的切削加工和冷变形加工性能；细化晶粒，消除铸、锻、焊引起的组织缺陷，均匀成分和组织，改善钢的性能，为以后的热处理做组织准备；消除内应力，防止变形和开裂。按照钢的成分和处理目的不同，常用的退火方法可分为完全退火、球化退火、去应力退火等。

完全退火是将工件加热至完全奥氏体化，随后缓慢冷却，以获得接近于平衡状态组织的退火工艺。其目的是细化晶粒、均匀组织、降低硬度、消除内应力和热加工缺陷，以改善切削加工性能和冷塑性变形性能，并为以后的热处理做组织准备。完全退火主要用于亚共析钢的铸件、锻件、热轧型材、焊接件等的退火。

球化退火是使钢中的碳化物球化而进行的退火工艺。钢件经球化退火后，组织呈球状小颗粒的碳化物均匀分布在铁素体基体中。在实际生产中，共析钢和过共析钢经轧制、锻造后在空气中冷却，不易切削加工，淬火时易变形和开裂。通过球化退火可以降低硬度，改善切削加工性能，减少淬火时变形和开裂的倾向，提高工件的力学性能。因此，工具钢、轴承钢等锻轧后，一般均需进行球化退火。

去应力退火是为了消除工件因塑性变形加工、焊接、铸造等工艺造成的残余应力而进行的退火工艺。其常用的工艺是，将钢件加热到500～600℃，保温一定时间后，随炉缓慢冷却。在去应力退火中，钢的组织不发生变化，只是消除内应力。

2) 正火

正火是将工件加热到临界温度以上30～50℃ (对于碳素钢而言为760～920℃)，保温后出炉在空气中冷却的热处理工艺。从实质上讲，正火是退火的一个特例，其与退火的区别在于，正火的冷却速度较快，故正火后工件组织细密，强度、硬度都较退火高。正火只适用于碳素钢及低、中合金钢，而不适用于高合金钢。

正火的目的基本与退火相同，正火工艺主要有以下用途：细化组织，消除热加工中造成的缺陷，使组织正常化；用于低碳钢，可以提高硬度，改善切削加工性能；用于中碳钢，可代替调质处理，为高频淬火做组织准备；用于高碳钢，可消除网状渗碳体，便于球化退火；对于性能要求不高的工件，可作为最终热处理。

2. 淬火与回火

1) 淬火

淬火是将工件加热到临界温度以上30～50℃(对于碳素钢而言为770～870℃)，保温一定时间后，在水中(碳素钢)或在油中(合金钢)快速冷却至室温的热处理工艺。淬火可获得高的硬度和耐磨性以及提高弹性和韧性，以达到强化材料的目的。

2) 回火

由于淬火所获得的是一种不稳定的组织，性质硬且脆，并且存在很大的内应力，容易引起变形和开裂，因此淬火后的钢必须经过回火才能使用。回火是指钢在淬火之后，再加

热至临界温度以下 (对于碳素钢而言为 727℃)某一温度，保温一定时间，然后冷却到室温的热处理工艺。淬火钢回火的目的一般是调整钢的硬度和强度，提高钢的韧性，获得所需要的性能；消除淬火产生的内应力，防止变形和开裂；稳定工件的组织与尺寸。

回火时，决定钢的组织和性能的主要因素是回火温度，根据回火温度的不同，回火可以分为以下三类：

(1) 低温回火(150～250℃)。低温回火得到的组织是回火马氏体，具有高的硬度和耐磨性能，有一定韧性，主要应用于刀具、量具及其他要求硬而耐磨的零件。

(2) 中温回火(350～500℃)。中温回火得到的组织是回火屈氏体，具有较高的弹性极限、屈服强度和适当的韧性，硬度可达 35～50 HRC，主要应用于弹性零件和热锻模。

(3) 高温回火(500～650℃)。高温回火得到的组织是回火索氏体，具有良好的综合力学性能，硬度可达 25～35HRC。生产中常把淬火加高温回火称为“调质”，广泛应用于受力构件，如螺栓、连杆、曲轴等。

调质与正火相比，不仅钢的强度高，而且塑性、韧性远高于正火钢，这是由于调质钢得到的组织是回火索氏体，其渗碳体呈球粒状，而正火后的组织为索氏体或托氏体，其渗碳体呈薄片状，故重要零件应采用调质处理，一般零件则常用正火处理。

1.2.3　钢的表面热处理

1. 表面淬火

表面淬火是指将工件表面快速加热到淬火温度，然后快速冷却，仅使表面获得淬火组织的热处理工艺。表面淬火主要适用于中碳钢和中碳低合金钢，如 45 钢、40Cr 等。表面淬火前应进行正火和调质处理，表面淬火后应进行低温回火。这样处理后，工件表层硬而耐磨，心部仍然保持较好的韧性。表面淬火适用于齿轮、曲轴等重要的零件。

常用的表面淬火方法有高频感应加热表面淬火和火焰加热表面淬火。高频感应加热表面淬火适用于大批量生产，目前应用比较广泛，但设备复杂。火焰加热表面淬火方法简单，但质量较差。

2. 化学热处理

钢的化学热处理是指将工件置于一定温度的化学活性介质中保温，使一种或几种元素渗入它的表层，以改变工件表层的化学成分、组织结构和性能的热处理工艺。化学热处理的种类很多，根据渗入元素的不同，化学热处理有渗碳、渗氮、碳氮共渗、渗金属等。

1) *渗碳*

渗碳是指将工件在渗碳介质中加热并保温，使碳原子渗入表层的化学热处理工艺，其目的是提高钢件表层的碳含量和形成一定的碳浓度梯度。渗碳工件经淬火及低温回火后，

表面获得高硬度，而其内部又具有高韧性。

渗碳的常用方法有固体渗碳、盐浴渗碳及气体渗碳三种，其中气体渗碳应用最为广泛。气体渗碳是将工件在气体渗碳剂中进行渗碳的工艺，将工件置于密封的加热炉中，加热到900～950℃，滴入煤油、丙酮、甲醇等渗碳剂。这些渗碳剂在高温下分解，产生的活性炭原子被钢件表面吸收而溶入奥氏体中，并向内部扩散，最后形成一定深度的渗碳层。渗碳层深度主要取决于加热温度及保温时间，加热温度越高，保温时间越长，渗碳层越厚。

一般来说，渗碳零件应选用低碳钢或低碳合金钢材料。零件渗碳后，其表面碳的质量分数可达到0.85%～1.05%，碳含量从表面到心部逐渐减少，心部仍保持原来低碳钢的碳含量。

2) 渗氮

渗氮是指在一定温度下，使活性氮原子渗入工件表面的化学热处理工艺。渗氮能使工件比渗碳获得更高的表面硬度、耐磨性、热硬性和疲劳强度，同时还提高工件的耐蚀性。目前常用的渗氮方法是气体渗氮。

根据使用要求的不同，工件还可以采用其他的化学热处理方法。例如，碳氮共渗可以获得比渗碳更高的硬度、耐磨性和疲劳强度，渗铝可提高零件的抗高温氧化性，渗硼可提高零件的耐磨性、硬度和耐蚀性，渗铬可提高零件的耐蚀、抗高温氧化及耐磨性等。

3. 表面氧化处理

发黑处理是金属表面氧化处理中最常用的一种方法，它主要应用于碳素钢和低合金工具钢。以下简单介绍碱性发黑处理。

碱性发黑处理是将工件放在一定温度的强碱性溶液中进行的氧化处理。它使工件表面生成一层氧化膜(Fe_3O_4)，这层氧化膜组织较紧密，能牢固地与金属表面结合，依据处理条件的不同，该氧化膜可呈现亮蓝色直到亮黑色。它不仅对金属表面起防锈作用，还能增加金属表面的美观，对淬火工件来说，还能起到消除应力的作用，所以发黑处理在机械工业上得到了广泛应用。

钢件表面氧化膜的形成过程是一个化学反应的过程。当工件在浓度很高的碱性和氧化剂溶液中加热时，表面开始先受到碱的微腐蚀作用，首先析出铁离子，与碱的氧化剂继续作用，生成亚铁酸钠(Na_2FeO_2)和铁酸钠($Na_2Fe_2O_4$)，然后再由亚铁酸钠和铁酸钠进一步作用，生成成分为Fe_3O_4的致密的氧化膜。

1.3 工程材料及钢的热处理实习报告相关内容

问题1：举例说明常用工程材料的性能和应用。

问题2：钢和铁是如何区分的？钢的热处理有哪些，其作用是什么？

第2章　焊　　接

2.1　概　　述

焊接是通过加热或加压，或两者并用，用或不用填充材料，使工件达到原子结合的一种工艺方法。它作为一种基本的加工方法应用很广，与国民经济各个部门都有着直接的关系。

焊接方法种类很多，根据焊接过程的特点，可分为熔化焊接、压力焊接和钎焊接三大类。

(1) 熔化焊接：使被连接的构件表面局部加热熔化成液体，然后冷却结晶成一体的方法。按照热源形式不同，熔化焊接方法分为气焊、电弧焊、电阻焊、电渣焊、电子束焊、激光焊等若干种。按保护熔池的方法不同分为埋弧焊、气体保护焊等。此外，电弧焊方法还按电极特征分为熔化电极和非熔化电极两大类。

(2) 压力焊接：利用摩擦、扩散和加压等物理作用，使两个连接表面上的原子相互接近到晶格距离，从而在固体条件下实现的连接统称为固相焊接。固相焊接时通常都必须加压，因此通常这类加压的焊接方法称为压力焊接。按照加热方法不同，压力焊接的基本方法有冷压焊(不采取加热措施的压焊)、摩擦焊、超声波焊、爆炸焊、锻焊、扩散焊、电阻对焊、闪光对焊等若干种。

(3) 钎焊接：利用某些低熔点金属(钎料)作连接的媒介物，熔化在被连接表面，然后冷却结晶形成结合面的方法称为钎焊。按照热源和保护条件不同，钎焊方法分为火焰钎焊、真空或充气感应钎焊、电阻炉钎焊、盐浴钎焊等。

2.2　焊条电弧焊

焊条电弧焊又称手工电弧焊，是用手工操纵电焊条进行焊接的一种电弧焊方法。它以电弧热作熔化母材和焊条的热源，其设备结构简单、成本低、安装使用方便、操作机动灵活，适于各种场合的焊接，因此应用比较广泛。目前它仍然是最常用的焊接方法。

2.2.1　焊接过程和焊接电弧

1. 焊接过程

焊条电弧焊的焊接过程如图 2-1 所示。焊接前，先将工件和焊钳通过导线分别接到电焊机的两极上，并用焊钳夹持焊条。然后开始引弧，电弧产生时将工件接头处和焊条熔化，形成熔池，随着工件和焊条的不断熔化，焊钳夹持焊条进行向下和向焊接方向进给，以保持弧长稳定，并不断形成新的熔池，原先的熔池不断冷却凝固形成焊缝。焊条的药皮在焊接过程中也不断熔化，形成熔渣覆盖在熔池表面，对焊缝金属起到保护作用。

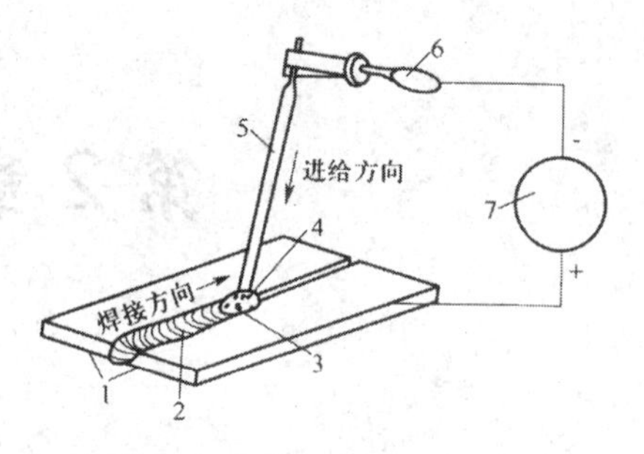

1—焊件；2—焊缝；3—熔池；4—电弧；5—焊条；6—焊钳；7—弧焊机

图 2-1　焊条电弧焊焊接过程

2. 焊接电弧

焊接电弧是电极与工件间的气体介质长时间而剧烈的放电现象。焊接电弧如图 2-2 所示，它由阴极区、弧柱区和阳极区三部分组成。阴极区在阴极端部，阳极区在阳极端部，弧柱区是处于阴极区和阳极区之间的区域，用钢焊条焊接钢材时，阴极区的温度可达 2400 K，产生的热量约占电弧总热量的 36%，阳极区的温度可达 2600 K，产生的热量占电弧总热量的 43%，弧柱区的中心温度最高，可达 6000～8000 K，热量约占总热量的 21%。

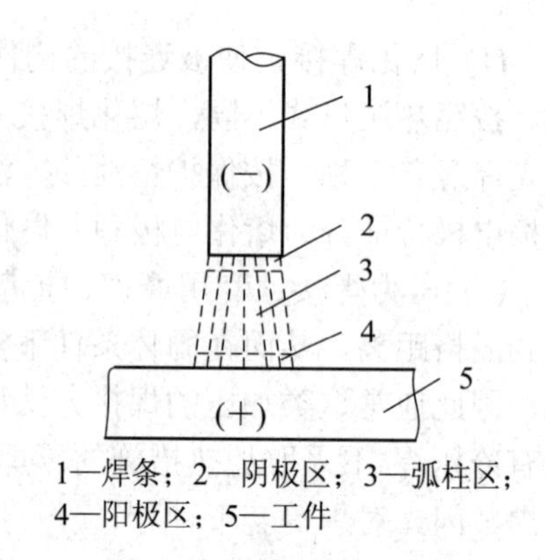

1—焊条；2—阴极区；3—弧柱区；4—阳极区；5—工件

图 2-2　焊接电弧

用直流电焊接时，由于正、负极上的热量不同，所以有正接和反接两种。当工件接正极，焊条接负极时称为正接法，这时电弧中的大部分热量集中在工件上，这种接法多用于焊接较厚的工件。若工件接负极，焊条接正极则称为反接法，用于焊接较薄的钢件和有色金属等。在使用交流电焊接时，由于电弧极性瞬时交替变化，焊条和工件上产生的热量相等，因此没有正、反接问题。

2.2.2　焊接设备与工具

电弧焊机(简称电焊机)是焊条电弧焊的主要设备，按电流的种类不同，可分为交流电弧焊机和直流电弧焊机。为了便于引弧，保证电弧的稳定燃烧，电弧焊机必须满足以下基本要求：

(1) 要有一定的空载电压，以便引弧。一般控制在45～80 V之间，即能顺利起弧，又能保证操作者安全。

(2) 要有适当的短路电流，因引弧时总是先有短暂的短路，短路电流过大，会引起电弧焊机的过载，甚至损坏。一般短路电流不超过工作电流的1.5倍。

(3) 当电弧长度发生变化时，要求焊接电流的波动要小，以保持电弧和焊接规范的稳定性。

(4) 焊接电流要可以调节，以满足焊接不同材料和厚度的工件。

1. 交流弧焊机

交流弧焊机供给焊接电弧的电流是交流电，如图2-3所示，它是一种特殊的变压器，称为弧焊变压器，普通变压器的输出电压是恒定的，而弧焊变压器的输出电压随输出电流(负载)的变化而变化。空载时为60～80 V，既能满足顺利引弧的需要，又对人身比较安全。起弧后，电压会自动下降到电弧正常工作所需的20～30 V，当短路起弧时，电压会自动降到趋近于零，使短路电流不至于过大而烧毁电路设备。一般交流弧焊机的电流调节分为两级：一级是粗调，通过改变线圈抽头的接法来实现电流的大范围调节；另一级是细调，通过旋转调节手柄来改变弧焊机内线圈或动铁心的位置，从而得到所需的焊接电流。

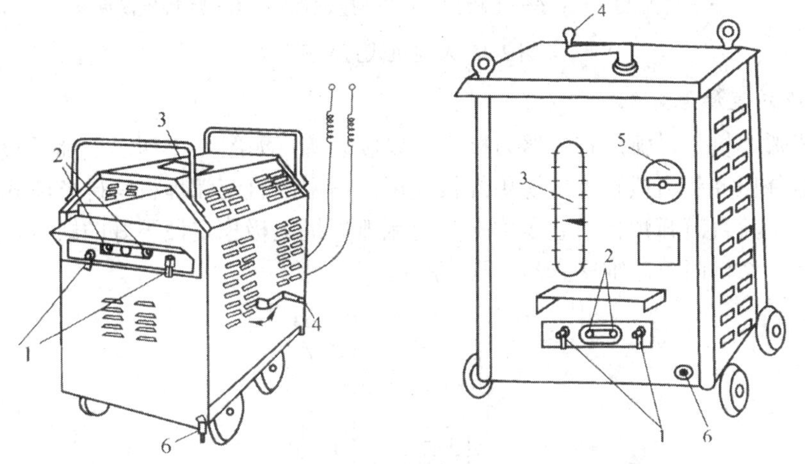

1—输出电极；2—线圈抽头；3—电流指示表；4—调节手柄；5—转换开关；6—接地螺钉

图2-3　交流弧焊机

交流弧焊机结构简单，价格便宜，使用可靠，维修方便，工作噪声小；缺点是焊接时电弧不够稳定。

2. 直流弧焊机

直流弧焊机供给焊接电弧的电流是直流电。它分为整流式直流弧焊机和发电机式直流

弧焊机。

1) 发电机式直流弧焊机

它是由一台具有特殊性能的、能满足焊接要求的直流发电机供给焊接电流，发电机由一台同轴的交流电动机带动，两者装在一起组成一台直流弧焊机。如图 2-4 所示，它结构比较复杂，价格高，使用噪声大，且维修困难。

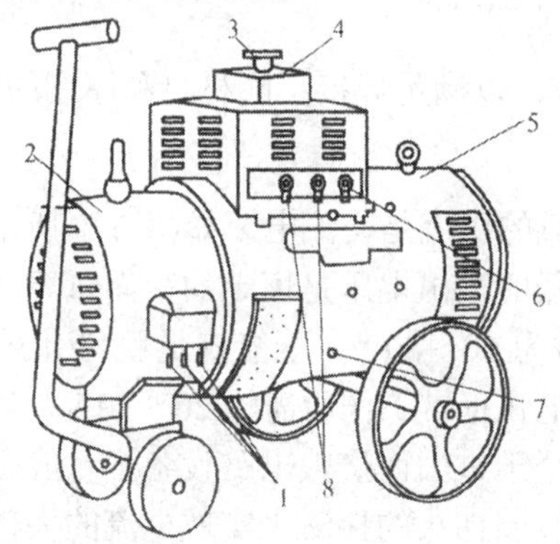

1—外接电源；2—交流电动机；3—调节手柄；4—电流指示盘；
5—直流发电机；6—正极抽头；7—接地螺钉；8—焊接电源两极

图 2-4　发电机式直流弧焊机

2) 整流式直流弧焊机

整流式弧焊机是以弧焊整流器为核心的焊接设备，如图 2-5 所示。弧焊整流器将交流电经变压器降压并整流成直流电源供焊接使用。常用的直流弧焊机有硅整流式直流弧焊机和晶闸管式整流直流弧焊机。它既弥补了交流弧焊机电极稳定性不好的缺点，又比发电机式直流弧焊机结构简单，维修容易，噪声小。

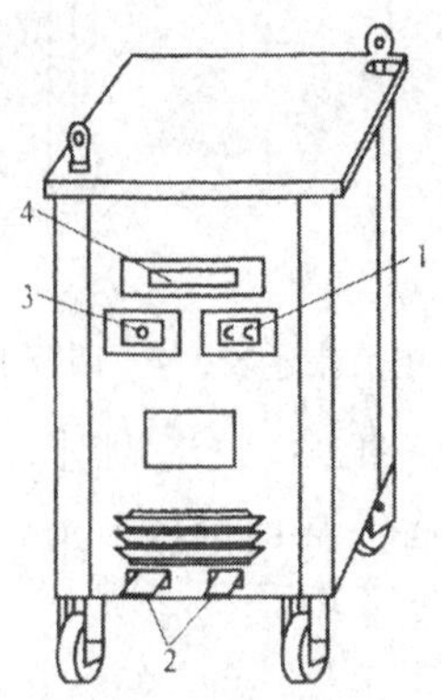

1—电源开关；2—焊接电源两极；3—电流调节器；4—电流指示盘

图 2-5　整流式直流弧焊机

2.2.3　电焊条

1. 电焊条(简称焊条)的组成及各部分的作用

焊条由焊芯和压涂在焊芯表面的药皮两部分组成，如图 2-6 所示。

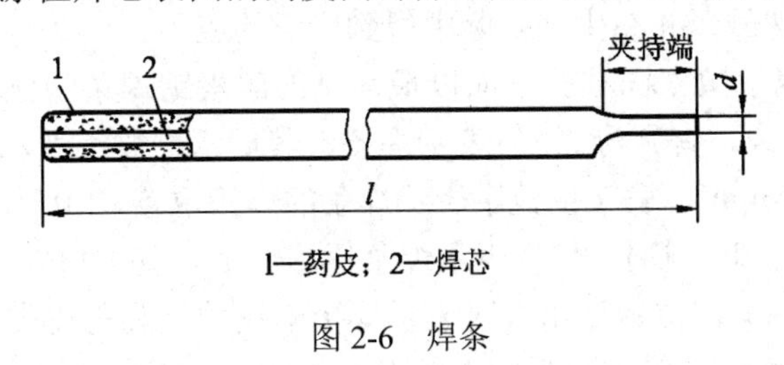

1—药皮；2—焊芯

图 2-6　焊条

1) 焊芯

焊芯被药皮包裹着具有一定长度和直径的金属丝。它的作用：一是作为电弧电极，传导焊接电流；二是熔化后作填充金属与液体母材金属熔合形成焊缝。常用焊芯材料有碳素钢、合金钢和不锈钢三种。普通电焊条的焊芯都是用碳素钢制成的，其规格见表 2-1。

表 2-1　碳素钢焊条焊芯尺寸

焊芯直径 d/mm	1.6	2.0	2.5	3.2	4.0	5.0	5.6	6.0	6.4	8.0
焊芯长度 l/mm	200～250	250～350		350～450			450～700			

常用碳素结构钢焊芯牌号有 H08A、H08 MnA、H15Mn 等。

2) 药皮

药皮是包裹在焊芯表面的涂料层，它含有稳弧剂、造气剂和造渣剂。因此，它有如下作用：

(1) 改善焊接工艺性能。药皮可使电弧容易引燃并保持电弧稳定燃烧，容易脱渣，焊缝成型良好，适用全位置焊接。

(2) 保护熔池和焊缝金属。在电弧的高温作用下，药皮分解所产生的气体和熔渣对熔池和焊缝金属起保护作用，防止空气对金属的有害作用。

(3) 化学冶金作用。通过药皮在熔池中的化学冶金作用去除氧、氢、硫、磷等有害杂质，同时补充有益的合金元素，改善焊缝质量，提高焊缝的力学性能。

采用不同材料、按不同的配比设计药皮可适用于不同焊接需求的药皮类型。常用药皮类型有碳素钢药皮和低合金钢药皮、不锈钢焊条药皮和铬钼钢焊条药皮。而根据药皮产生熔渣的酸碱性，又将药皮分为酸性药皮和碱性药皮，与之相应的焊条称为酸性焊条或碱性焊条。

2. 焊条的型号和牌号

对于任何一种焊条，通常都可以用型号及牌号来反映其主要性能特点和类别。焊条型号属于国家标准，各种型号焊条的主要性能在相应的国家标准中有所规定。焊条牌号是对焊条产品的具体命名，由原国家机械工业委员会组织有关厂家编写的《焊接材料产品样本》中规定了焊条的统一牌号，并在生产实际中得到广泛的应用。

(1) 焊条的型号属于国家标准。下面以最常见的碳素钢焊条为例说明型号，它一般由字母 E 加四位数字组成，首字母“E”表示焊条，其后两位数字表示熔敷金属抗拉强度的最小值，其单位为 kgf/mm^2，第三位数字表示焊条的焊接位置，“0”及“1”表示焊条适用于全位置焊接(平、立、仰、横)，“2”表示焊条适用于平焊及平角焊，“4”表示焊条适用于向下立焊，第三位和第四位数字组合时表示焊接电流种类及药皮类型。如 E4303，“E”表示焊条，“43”表示熔敷金属抗拉强度不低于 43 kgf/mm^2($1\ kgf/mm^2 = 10\ N/mm^2$)，“0”表示适用于焊条焊全位置焊接，“03”表示钛钙型药皮，并可采用交流或直流正、反接。

(2) 焊条的牌号是焊接材料行业统一的焊条代号。它通常以一个汉语拼音字母(或汉字)与三位数字表示。拼音字母(或汉字)表示焊条各大类。后面的三位数字中的前两位表示各大类中的若干小类，第三位数字表示各种焊条牌号的药皮类型及焊接电流种类。如 J507，“J”表示结构钢焊条，“50”表示熔敷金属的抗拉强度不低于 50 kgf/mm^2 ($1\ kgf/mm^2 = 10\ N/mm^2$)，“7”表示低氢钠型药皮、并可采用直流焊接。

2.2.4　焊接接头形式、坡口形式和焊接位置

1. 接头形式

常见的接头形式有对接接头、搭接接头、角接接头和 T 形接头几种，如图 2-7 所示。

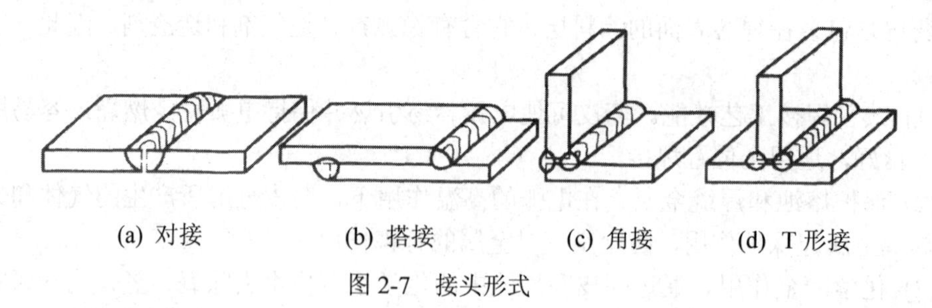

(a) 对接　(b) 搭接　(c) 角接　(d) T 形接

图 2-7　接头形式

2. 对接接头坡口形式

当焊件较薄(小于 6 mm)时，在焊件接头处留有一定的间隙就能保证焊透；当焊件厚度大于 6 mm 时，为了焊透和减少母材熔入熔池中的相对数量，根据设计和工艺需要，在焊件的待焊部位加工成一定几何形状的沟槽称为坡口。为了防止烧穿，常在坡口根部留有 2～

3 mm 的直边称为钝边。为保证钝边焊透也需要留有根部间隙。常见的对接接头坡口形状如图 2-8 所示。

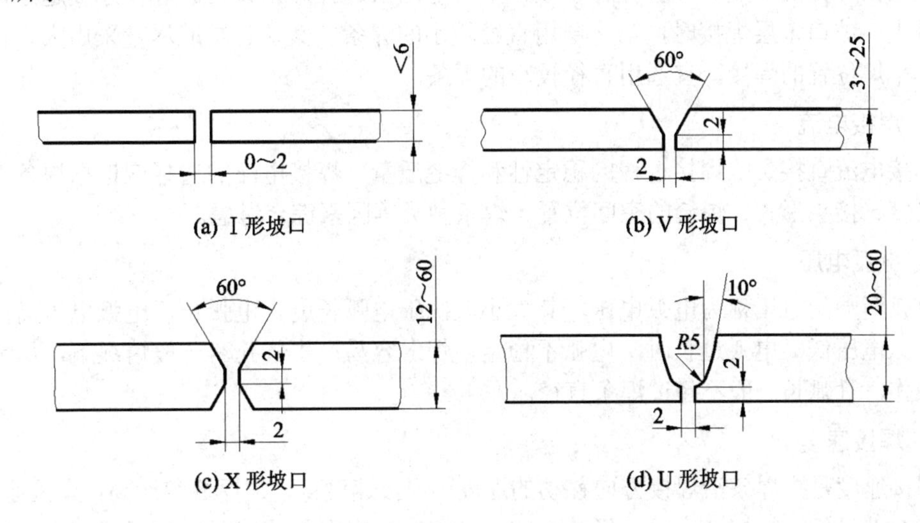

图 2-8　对接接头坡口形式

3．焊接位置

根据焊缝在空间的位置不同，可分为平焊、立焊、横焊和仰焊四种，如图 2-9 所示。

平焊操作最方便，生产率高，焊缝质量好。立焊时，因熔池金属有向下滴落的趋势，所以操作难度大，焊缝成型不好，生产率低。横焊时，熔池金属易向下流，会导致焊缝上边咬边，下边出现焊瘤。仰焊时，操作最不方便，焊条熔滴过渡和焊缝成型都很困难，不但生产率低，焊接质量也很难保证。在立焊、横焊、仰焊时，要尽量采用小电流短弧焊接，同时要控制好焊条角度和运条方法。

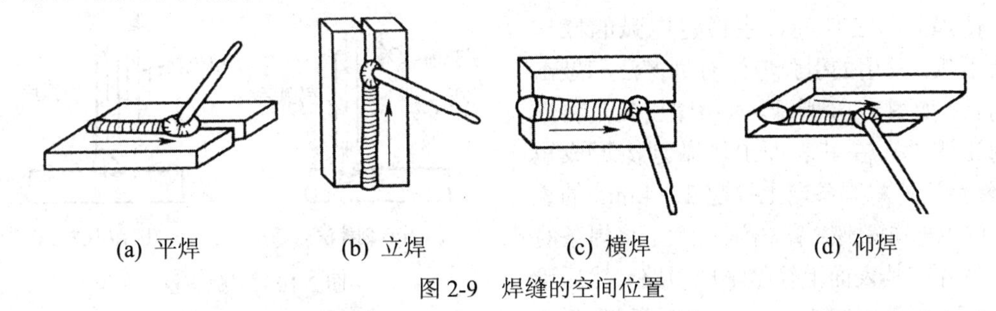

图 2-9　焊缝的空间位置

2.2.5　焊接工艺参数

焊接工艺参数主要包括焊条直径、焊接电流、电弧电压、焊接速度及焊接层数等。

1. 焊条直径

应根据焊件的厚度、焊缝位置、坡口形式等因素选择焊条直径。焊件厚度越厚，选用直径越大；坡口多层焊接时，第一层用直径较小的焊条，其余各层应尽量采用大直径的焊条；非平焊位置的焊接，宜选用直径较小的焊条。

2. 焊接电流

焊接电流直接影响焊接过程的稳定性和焊缝质量。焊接电流的选择应根据焊条直径、焊件厚度、接头形式、焊缝的空间位置、焊条种类等因素综合考虑。

3. 电弧电压

电弧两端的电压称为电弧电压，其大小取决于电弧长度。电弧长，电弧电压高；电弧短，电弧电压低。电弧过长时，电弧不稳定，焊缝容易产生气孔。一般情况下，尽量采用短弧操作，且弧长一般不超过焊条直径。

4. 焊接速度

焊接速度是指焊条沿焊接方向移动的速度。焊接速度低，则焊缝宽而高；焊接速度高，则焊缝窄而且低。焊接速度要凭经验而定。施焊时应根据具体情况控制焊接速度，在外观上，达到焊缝表面几何形状均匀一致且符合尺寸要求。

5. 焊接层数

对于中厚板的焊接，除了两面开坡口之外，还要采取多层焊接才能满足焊接质量要求。具体需要焊接多少层，应根据焊缝的宽度和高度来确定。

2.2.6 焊条电弧焊的基本操作

1. 引弧

使焊条与工件间产生稳定电弧的操作即为引弧。常用的引弧方法有划擦法和敲击法两种，如图 2-10 所示。划擦法引弧是将焊条对准焊件，在其表面上轻微划擦形成短路，然后迅速将焊条向上提起 2～4 mm 的距离，电弧即被引燃；敲击法引弧是将焊条对准焊件并在其表面上轻敲形成短路，然后迅速将焊条向上提起 2～4 mm 的距离，电弧即被引燃。

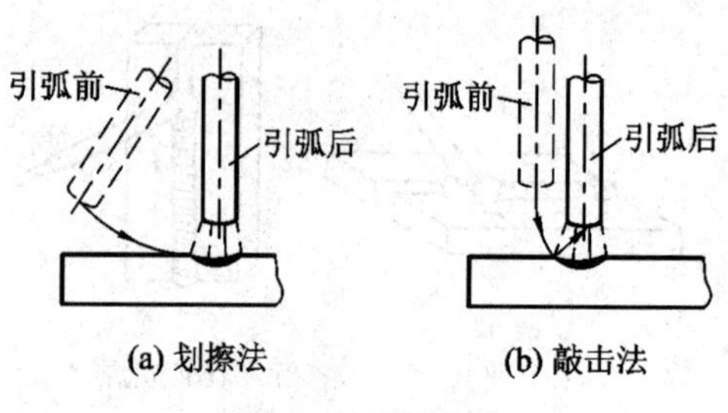

图 2-10　引弧方法

2. 运条

运条是在引弧以后为保证焊接的顺利进行而做的动作，焊接时焊条要同时完成三种基本运动，如图2-11所示。

(1) 焊条向下进给运动，进给速度应等于焊条的熔化速度，以保持稳定的弧长；

(2) 焊条沿焊接方向移动，焊条以一定的轨迹周期性的向焊缝左右摆动，以获得所需宽度的焊缝。

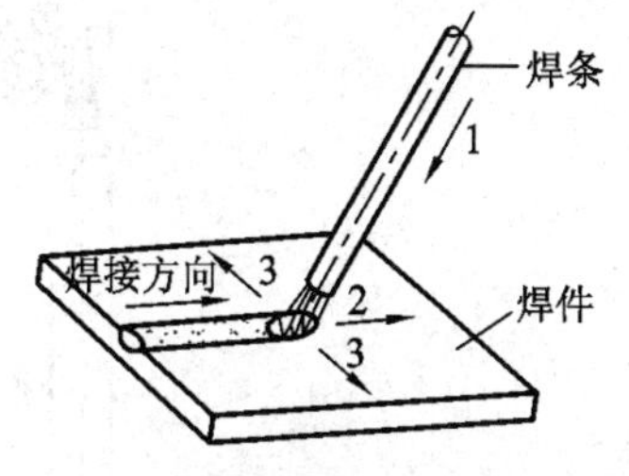

1—焊条向下运动；
2—焊条沿焊缝方向移动；
3—焊条横向移动

图2-11　运条基本动作

3. 收尾熄弧

焊缝收尾时要求尽量填满弧坑。收尾的方法有划圈法(在终点作圆圈运动，填满弧坑)、回焊法(到终点后再反方向往回焊一小段)和反复断弧法(在终点处多次熄弧、引弧、把弧坑填满)。回焊法适于碱性焊条，反复断弧法适于薄板或大电流焊接。熄弧操作不好会造成裂纹、气孔、夹渣等缺陷。

2.3　气焊和气割

2.3.1　气焊

气焊是利用可燃性气体和氧气混合燃烧产生的火焰，来熔化工件和焊丝进行焊接的方法。通常使用的可燃性气体是乙炔。其工作原理如图2-12所示。

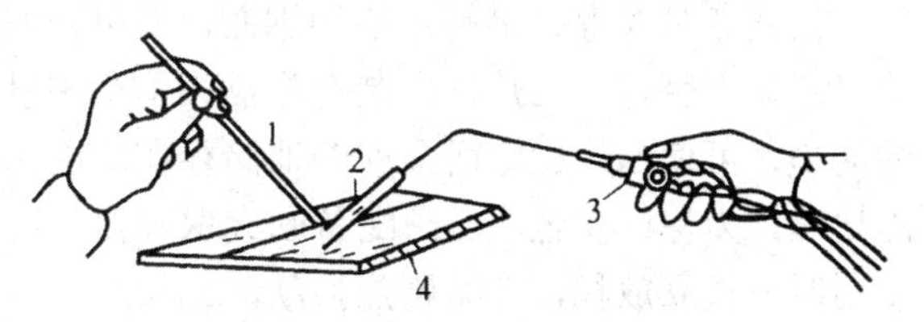

1—焊丝；2—气焊火焰；3—焊炬；4—焊件

图2-12　气焊工作图

氧气与乙炔气在焊炬中混合，点燃后产生高温火焰，熔化焊件连接处的金属和焊丝形成熔池，经冷却凝固后形成焊缝，从而将焊件连接在一起。气焊时焊丝只作填充金属，和熔化的母材一起组成焊缝。在气体燃烧时，产生大量的一氧化碳和二氧化碳等气体笼罩熔池，起保护作用。

1. 气焊设备与工具

气焊设备主要由氧气瓶、乙炔瓶或乙炔发生器、减压器、回火保险器、焊炬、输气管等组成，如图2-13所示。

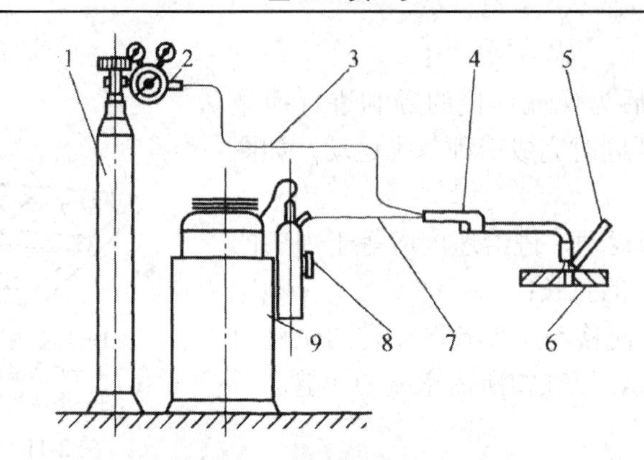

1—氧气瓶；2—减压阀；3—氧气管；4—焊炬；5—焊丝；6—焊件；
7—乙炔管；8—回火保险器；9—乙炔发生器

图 2-13　气焊装置示意图

1) 氧气瓶

氧气瓶是储存和运输高压氧气的钢瓶。常用的氧气钢瓶外表漆成天蓝色并用黑漆标上“氧气”字样。其容积为 40 L，最高压力为 14.7 MPa。为防止氧气瓶爆炸，它必须放置平稳，不得与其他气体混放；氧气瓶应与工作地点或其他火源相隔 5 m 以上，输送氧气的管道应用绿色或黑色导管。

2) 乙炔瓶

乙炔瓶是储存、溶解乙炔的钢瓶，其外形与氧气瓶相似，外表漆成白色，并用红漆写上“乙炔”字样。乙炔瓶内装有浸满丙酮的多孔性复合材料，由于丙酮有很强的溶解乙炔的能力，可使乙炔稳定而又安全地储存在瓶内。乙炔瓶限压 1.52 MPa，体积为 40 L。使用乙炔时，为保证安全，必须配备回火保险器，瓶体温度不得超过 30～40℃，搬运、存放和使用时应直立放稳，严禁剧烈振动，乙炔瓶和氧气瓶之间距离不小于 5 m。瓶附近严禁烟火，乙炔瓶和气路连接不得有泄漏，乙炔瓶与工作场地之间距离不得小于 10 m。

3) 减压器

氧气和乙炔气一般都是瓶装的高压气体，必须经过减压器减压后才能接入焊炬(割炬)供焊接(气割)用，同时减压器要保持焊接过程中气体压力基本稳定。

4) 回火保险器

回火保险器是装在乙炔减压器和焊炬之间，其作用是防止火焰沿乙炔管路往回燃烧(回火现象)。如果回火蔓延到乙炔瓶内将会引起爆炸，因此必须安装回火保险器。

5) 焊炬

焊炬又称焊枪，是用于控制气体混合比、流量及火焰并进行焊接的工具。按可燃气体和氧气混合方式不同，焊炬分为射吸式和等压式两种。图 2-14 所示为射吸式焊炬，其常用型号有 HO1—2 和 HO1—6 等，其中“H”表示焊炬，“O”表示手工，“1”表示射吸式，“2”和“6”表示可焊低碳钢板的最大厚度分别为 2 mm 和 6 mm。各种型号焊炬均配有 3～5 个大小不等的喷嘴，以供焊接不同厚度的钢板时选用。

工作时，先打开氧气阀门，后打开乙炔阀门，两种气体在混合管内均匀混合，从焊嘴喷出点火燃烧。控制各阀门的大小，可调节氧气和乙炔的不同比例。

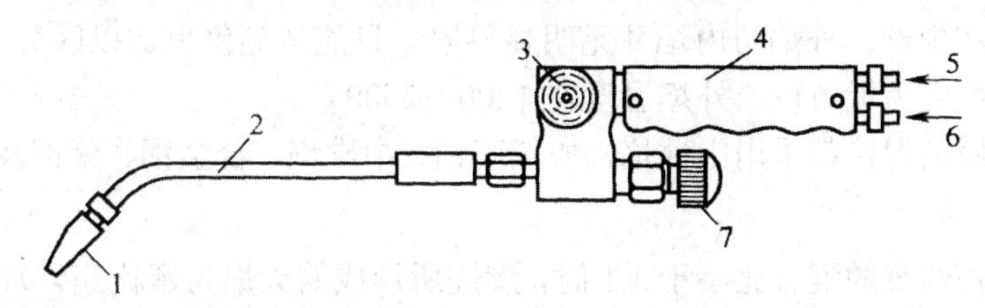

1—焊嘴；2—混合管；3—乙炔阀门；4—手柄；5—乙炔气；6—氧气；7—氧气阀门

图 2-14 HOl—6 焊炬构造图

2. 气焊材料

1) 焊丝

气焊焊丝主要起填充金属的作用，使用时需根据焊件厚度来选择，一般为 2～4 mm。气焊时焊丝被不断送入熔池内，与熔化了的母材金属熔合形成焊缝。因此焊丝的化学成分对焊缝质量影响很大。一般低碳钢焊件采用 H08、H08A 焊丝；优质碳素钢和低合金结构钢的焊接，可采用 H08 Mn、H08 MnH，H10Mn2 等。

2) 焊剂

气焊过程中，焊剂的作用是为了除去焊缝表面的氧化物和保护熔池金属，在焊接低碳钢时因火焰本身已具有保护作用，可不用焊剂。但在焊接有色金属、铸铁和不锈钢等材料时，必须使用相应的熔剂，其作用是保护熔池金属，并去除焊接过程中产生的氧化物，熔剂可直接加入到熔池中，也可在焊前涂于待焊部位与焊丝上。

3. 气焊火焰

焊接时，调节氧气和乙炔气的不同比例，将得到三种不同的火焰，具体分为中性焰、碳化焰和氧化焰，如图 2-15 所示。

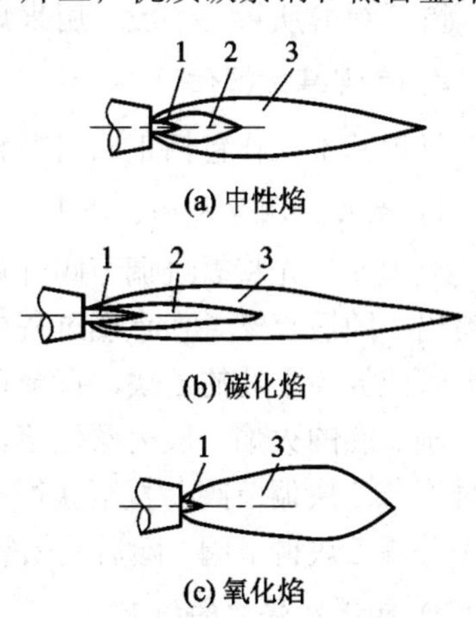

1—焰芯；2—内焰；3—外焰

图 2-15 氧-乙炔火焰形态

1) 中性焰

当氧气与乙炔气的混合比为 1.1～1.2 时，燃烧所形成的火焰为中性焰，在燃烧区内既无过量氧，又无游离碳，所以中性焰又称正常焰，如图 2-15(a)所示，由焰芯、内焰和外焰三部分组成。焰芯是火焰中靠焊炬最近的呈尖锥形而发亮的部分，焰芯中的乙炔受热后分解为游离的碳和氢，还没有完全燃烧，所以温度不太高，仅为 800～1200℃。内焰呈蓝白色，位于距焰芯前端约 2～4 mm 处的内焰温度，最高可达 3100～3150℃。焊接时应用此区火焰加热焊件和焊丝。外焰与内焰并无明显界限。只能从颜色上加以区分。外焰的焰色从里向外由淡紫色变为橙黄色，外焰温度在 1200～2500℃。

大多数金属的焊接都采用中性焰，如低碳钢、中碳钢、合金钢、紫铜及铝合金的焊接。

2) 碳化焰

当氧气与乙炔气的混合比小于 1.1 时，燃烧所形成的火焰为碳化焰，如图 2-15(b)所示。由于氧气较少，燃烧不完全，整体火焰比中性焰长。因火焰中含有游离碳，所以它具有较强的还原作用，也有一定的渗碳作用，碳化焰最高温度为 2700～3000℃。

碳化焰适用于焊接高碳钢、铸铁和硬质合金等材料。

3) 氧化焰

当氧气与乙炔气的混合比大于 1.2 时，燃烧所形成的火焰为氧化焰，如图 2-15(c)所示。由于氧气充足、燃烧剧烈，火焰明显缩短，且火焰挺直并有较强的“嘶嘶”声。氧化焰最高温度为 3100～3300℃，由于具有氧化性，焊接一般碳钢时会造成金属氧化和合金元素烧损，降低焊缝质量，一般只用来焊接黄铜或锡青铜。

4. 气焊基本操作

气焊基本操作包括正确引燃和使用焊炬、起焊、焊缝接头及收尾等。

1) 点火、调节火焰、熄火

点火前，先将氧气调节阀开启少许，然后再开启乙炔调节阀，使两种气体混合后从喷嘴喷出，随后点燃。在点燃过程中，如连续发出“叭叭”声或火焰熄灭，应立即关小氧气调节阀或放掉不纯的乙炔，直至正常点燃即可。

刚点燃的火焰一般为碳化焰，不适于直接气焊。点燃后调节氧气调节阀使火焰加大，同时调节乙炔调节阀，直至获得所需要的火焰类型和能率，即可进行焊接。熄灭火焰时，应先关闭乙炔调节阀，随后关闭氧气调节阀，否则会出现大量的炭灰，并且容易发生回火。

2) 起焊及焊丝的填充

(1) 起焊。焊接时，右手握焊炬，左手拿焊丝。起焊时，焊炬倾角可稍大些，采取往复移动法对起焊周围的金属进行预热，然后将焊点加热使之成为白亮清晰的熔池，即可加入焊丝，并继续向前移动焊炬进行连续焊接。如果采用左焊法进行平焊时，焊炬倾角为 40°～

50°，焊丝的倾角也为 40°～50°，如图 2-16 所示。

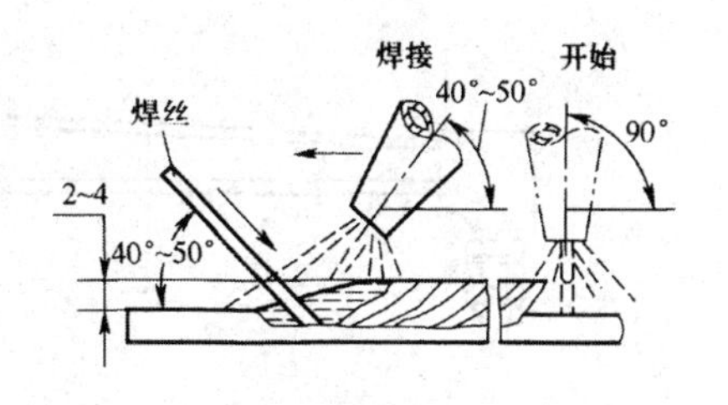

图 2-16　焊炬倾角

(2) 焊丝的填充。正常焊接时，应将焊丝末端置于外焰火焰下进行预热。

当焊丝的熔滴滴入熔池时，要将焊丝抬起，并移动火焰以形成新的熔池。然后，再继续不断地向熔池中加入焊丝熔滴，即可形成一道焊缝。

2.3.2　气割

1. 氧气切割原理

气割是利用气体火焰的热能将工件待切割处预热到一定温度后，喷出高速切割氧气流，使其燃烧并放出热量实现切割的方法。如图 2-17 所示。气割实质上是金属在氧气中燃烧，燃烧的生成物呈熔融状态而被高压氧气流吹走的过程，又称氧气切割。气割的过程是预热—燃烧—吹渣形成切口不断重复进行的过程。

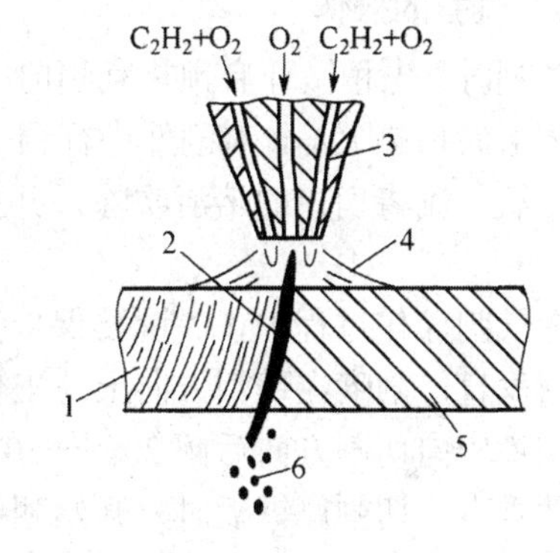

图 2-17　氧气切割示意图

2. 金属气割的条件

(1) 金属的燃点应低于熔点，否则金属先熔化，使切口凹凸不平。

(2) 金属燃烧生成氧化物的熔点应低于金属本身的熔点，以便氧化物熔化后被吹掉。

(3) 金属燃烧时要放出足够的热量，以加热下一层待切割金属，有利于切割过程的继续进行。

(4) 金属本身导热性要低，否则热量散失，不利于预热。

(5) 金属生成的液体氧化物要流动性好，黏性差，易吹除。

根据上述条件，低碳钢、中碳钢、低合金钢等适合气割，而高碳钢，铸铁，高合金钢，不锈钢，铜、铝等有色金属及其合金不能气割。

3. 气割的设备及工具

气割时，只用割炬代替焊炬，其余设备和工具与气焊相同。手工气割的割炬结构如图 2-18 所示，其结构和焊炬相比增加了一个切割氧气管路和切割氧气控制阀，割嘴的结构与焊嘴也不同。它有两个出口通道，外面一圈是预热用的乙炔与氧气的混合气体出口，中间的通道是切割用高压氧气出口，两者互不相通。

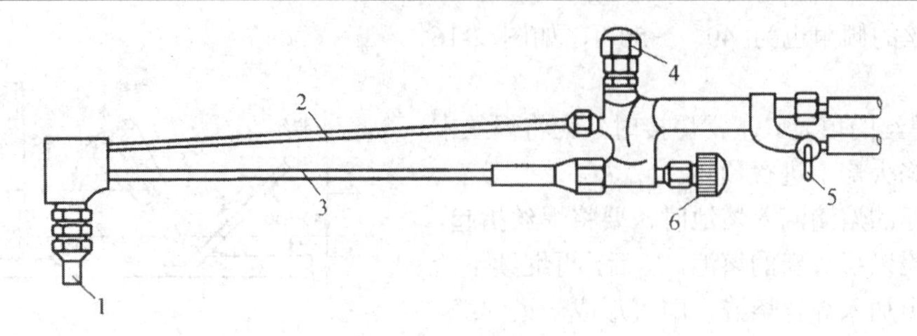

图 2-18　割炬的构造

1—割嘴；2—切割氧气管；3—预热焰混合气体管；4—切割氧气阀门；5—乙炔气阀门；6—预热氧气阀门

4. 气割的操作

气割时，先稍微开启预热氧阀门，再打开乙炔阀门并立即点火。然后加大预热氧流量，形成环形的预热火焰，对割件进行预热。待起割处被预热至燃点时，立即打开切割氧阀门，此时，氧气流将切口的熔渣吹除，并按切割线路不断缓慢移动割炬，即可在割件上形成切割口。

在气割操作过程中，关键要保持割嘴与工件间的几何关系。气割时割嘴对切口左右两边必须垂直，割嘴在切割方向上与工件之间的夹角随厚度而变化。切割 5 mm 以上的钢板时，割嘴应向切割方向后倾 20°～50°；切割厚度在 5～30 mm 钢板时，割嘴可始终保持与工件垂直；切割厚钢板时，开始朝切割方向前倾 5°～10°，结尾后倾 5°～10°，中间保持与工件垂直。割嘴离工件表面距离应始终使预热的焰芯端部距工件 3～5 mm。

2.4　气体保护焊

2.4.1　二氧化碳气体保护焊

二氧化碳气体保护焊是采用 CO_2 气体作为保护介质，焊丝作为电极和填充金属的电弧焊方法。它主要由焊接电源、焊枪、供气系统、控制系统以及送丝机构、焊件、焊丝和电缆线等组成，其基本工作原理如图 2-19 所示。

焊接时，金属焊丝 5 通过送丝滚轮 6 的驱动，以一定的速度进入到焊嘴前端燃烧，加热被焊金属 1 并形成熔池。电弧是靠焊机电源 9 产生并维持的。同时，在焊枪的喷嘴出口周围有来自于 CO_2 气瓶 8，并具有一定压力的 CO_2 气体作保护，使电弧、熔池与周围空气隔绝，避免熔池被氧化。在此系统中，除焊件外，其余各组成部分均组装或连接在一台可移动的二氧化碳气体保护焊机上，且供气、送丝都由焊机自动控制，焊接时操作者只需持焊枪沿焊缝方向移动即可完成焊接操作，故又称为半自动二氧化碳气体保护焊。

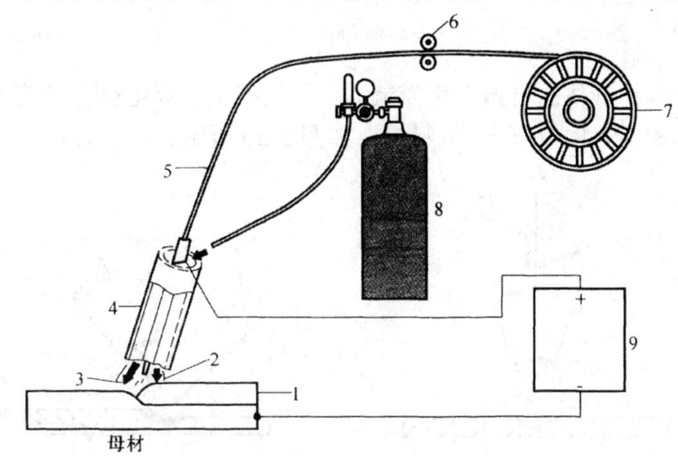

1—被焊金属；2—CO_2气体；3—电弧；4—焊枪喷嘴；5—焊丝；
6—送丝滚轮；7—焊丝轴卷；8—CO_2气瓶；9—焊机电源

图 2-19　CO_2气体保护焊基本原理

二氧化碳气体保护焊的主要特点：

(1) 生产率高。二氧化碳电弧的穿透能力强，熔深大，而且焊丝的熔化率高，所以熔敷速度快，生产率可比手工电弧焊高 1～3 倍。

(2) 焊接成本低。二氧化碳气体是酿造厂和化工厂的副产品，来源广，价格低。因此，二氧化碳气体保护焊的成本只有埋弧焊和手工电弧焊的 40%～50%。

(3) 能耗低。二氧化碳气体保护焊和手工电弧焊相比较，同样 3 mm 厚的低碳钢板对接焊接，每米焊缝消耗的电能，前者为后者的 70%左右。所以，二氧化碳气体保护焊也是较好的节能焊接方法。

(4) 适用范围广。可进行全位置焊接，可焊 1 mm 左右的薄板，焊接最大厚度几乎不受限制，而且焊接薄板时，比气焊速度快，变形小。

(5) 抗锈、抗裂性能好。焊缝中含氢量低。

(6) 易于实现机械化操作。因焊后不需清渣，又是明弧，便于监视和控制，所以易于实现机械化操作。

除了上述这些特点外，它也存在一些缺点，如焊接过程中有金属飞溅，焊缝外形较为粗糙，以及电弧气氛具有较强的氧化性，必须采用含有脱氧剂的焊丝等。

由于二氧化碳气体保护焊具有上述一系列的特点，所以它在造船、汽车制造、石油化工、工程机械、农业机械、冶金等生产中得到广泛的应用。

2.4.2　氩弧焊

用氩气作为保护气体的电弧焊称为氩弧焊。根据氩弧焊电极种类的不同，氩弧焊可分为熔化极氩弧焊和不熔化极(钨极)氩弧焊，如图 2-20 所示。

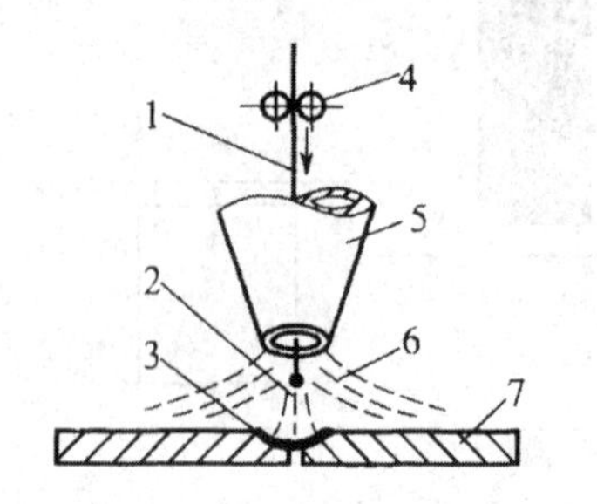

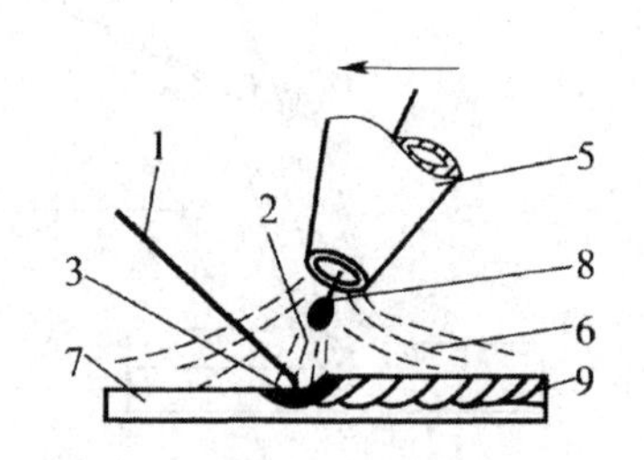

1—焊丝；2—电弧；3—熔池；4—送丝轮；5—喷嘴；6—氩气；7—工件；8—钨极；9—焊缝

(a) 熔化极氩弧焊　　(b) 非熔化极氩弧焊

图 2-20　氩弧焊示意图

1. 钨极氩弧焊

钨极氩弧焊是采用高熔点的钨棒作为电极，焊接时钨极不熔化，仅起产生电弧的作用。填充金属从一侧送入，填充金属和焊件一起熔化形成焊缝。整个过程是在氩气的保护下进行的。

由于氩气是惰性气体，不与金属发生化学反应，不烧损被焊金属和合金元素，又不溶解于金属引起气孔，是一种理想的保护气体，能获得高质量的焊缝。氩气的导热系数小，电弧热量损失小，电弧一旦引燃，非常稳定。钨极氩弧焊是明弧焊接，便于观察熔池，易于控制，可以进行全位置的焊接，但氩气价格贵，焊接成本高；其熔深浅，生产率低，抗风、抗锈能力差，设备较复杂，维修较为困难，通常适用于易氧化的有色金属、高强度合金钢及某些特殊性能钢(如不锈钢、耐热钢)等材料薄板的焊接。

2. 熔化极氩弧焊

熔化极氩弧焊利用金属焊丝作为电极，焊接时，焊丝和焊件在氩气保护下产生电弧，焊丝自动送进并熔化，金属熔滴呈很细的颗粒喷射过渡进入熔池中。

为使电弧稳定，熔化极氩弧焊通常采用直流反接法。焊接时，电流密度大，熔池深，焊接效率高，电弧稳定，飞溅小，焊接质量高，适用于各种材料、全位置焊接，尤其适用于有色金属、耐热钢、不锈钢以及 3～25 mm 中厚板材的焊接。

2.5　焊接缺陷分析与质量检验

2.5.1　焊接缺陷

焊件常见的缺陷有夹渣、气孔、未焊透、咬边、裂纹和未熔合等，其中未焊透和裂纹是最危险的缺陷，在重要的焊接结构中是绝对不允许出现的，焊接缺陷将直接影响产品的安全运行，必须加以防范，常见的焊接缺陷产生的原因及防止措施见表2-2。

表2-2　常见的焊接缺陷及其分析

序号	缺陷名称	缺陷特征	示意图	缺陷形成原因
1	夹渣	焊接熔渣残留在焊缝中	点状夹渣 条状夹渣	焊件不洁；电流过小；焊缝冷却太快；多层焊时各层熔渣未清除干净
2	气孔	焊缝内部或表面有孔穴		焊接电流过小，焊接速度过快；焊件不洁；焊条潮湿；焊件含碳量高
3	未焊透	焊缝根部未完全熔透	未焊透	装配间隙太小、坡口间隙太小；运条太快；电流过小；焊条未对准焊缝中心；电弧过长
4	咬边	焊件边沿熔化后没有补充而留下的缺口	咬边	电流太大；焊条角度不对；运条方法不正确
5	裂纹	焊缝、热影响区内部或表面有裂纹		焊件含碳、硫、磷高；焊前清理不当；焊条没有烘干；焊缝冷速太快；焊接顺序不正确；焊接应力过大；气候寒冷
6	未熔合	焊道与母材或焊道与焊道之间未完全熔化结合	未熔合	焊接电流太小；焊条摆幅太小；层间清渣不净

2.5.2　焊件质量检验

焊接完毕后，应根据产品的技术要求及本产品检验技术标准对焊件进行质量检验。常用的检验方法有外观检验、致密性检验及无损检测等。

1. 外观检测

用肉眼或低倍数的放大镜或用标准样板、量具等，检查焊缝外形和尺寸是否符合要求，焊缝表面是否存在裂纹、气孔、咬边、焊瘤等外部缺陷。

2. 致密性检测

对于储存气体或液体的压力容器或管道，焊后一般都要进行致密性检测。

1) 水压试验

一般是对压力容器或管道超载检验，试验压力为工作压力的1.25～1.5倍，看焊缝是否有漏水现象。如有水滴或水渍出现，则表明有焊接缺陷。

2) 气压试验

将容器或管道充以压缩空气，并在焊缝四周涂以肥皂水，如果发现肥皂水起泡，说明该处有穿透性缺陷，也可在容器中加入压缩空气并放入水槽，看是否有气泡冒出。

3) 煤油检验

在焊缝的一面涂上白垩粉水溶液，待干燥后，在另一面涂刷煤油。因为煤油的渗透力很强，若有穿透性焊接缺陷，煤油便会渗透过来，使所涂的白垩粉上出现缺陷的黑色斑痕。

3. 无损检测

1) 磁粉检验

磁粉检测是将焊件磁化，使磁力线通过焊缝，当遇到焊缝表面或接近表面处的缺陷时，磁力线绕过缺陷，并有一部分磁力线暴露在空气中，产生漏磁而吸引撒在焊缝表面上的磁性氧化铁粉，根据铁粉被吸附的痕迹，就能判断缺陷的位置和大小。磁粉检测仅适用于检验铁磁性材料的表面或近表面处的缺陷。

2) 渗透检验

将擦干净的焊件表面喷涂渗透性良好的红色着色剂，待它渗透到焊缝表面的缺陷内，再将焊件表面擦净，涂上一层白色显色液，干燥后，渗入到焊件缺陷中的着色剂，由于毛细管作用被白色显色剂所吸附，在表面呈现出缺陷的红色痕迹。渗透检验可用于检验任何表面光洁材料的表面缺陷。

3) 射线检验

根据射线对金属具有较强的穿透能力的特性和衰减规律进行无损检验，在焊缝背面放上专用底片，正面用射线照射，使底片感光，由于缺陷与其他部位感光不同，底片显影后的黑度也不同，可显示出缺陷的位置、大小和种类。射线检验多用X射线和γ射线，主要用于检验焊缝内部的裂纹、未焊透、气孔和夹渣等缺陷。

4) *超声波检验*

超声波可以在金属及其他均匀介质中传播，由于在不同介质的界面上会产生反射，可用于内部缺陷的检验，根据焊件内部缺陷反射波特征可以确定缺陷的位置。超声波可以检验任何焊件材料、任何部位的缺陷，并且能较灵敏地发现缺陷的位置，但对缺陷的性质、形状和大小较难确定，因此常与射线检验配合使用。

2.6 其他焊接与切割方法

2.6.1 埋弧自动焊接

埋弧焊是电弧在焊剂层下燃烧进行焊接的方法，其全称是埋弧自动焊，又称焊剂层下自动电弧焊。引弧、送丝及电弧沿焊接方向移动等过程均由焊机自动控制完成。

埋弧自动焊机一般由焊接电源、控制箱和焊接小车三部分组成，如图2-21所示。

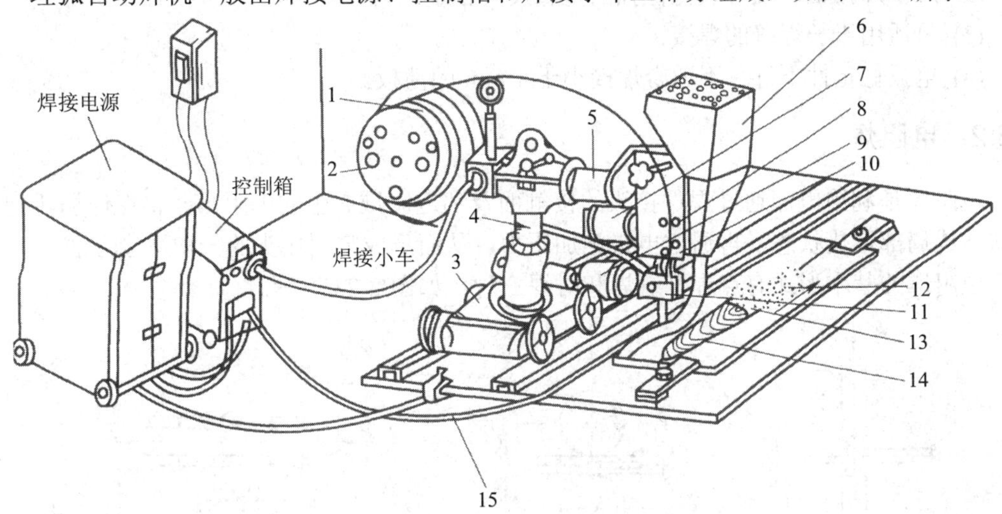

1—焊丝盘；2—操纵盘；3—车架；4—立柱；5—横梁；6—焊剂漏斗；7—焊丝送进电动机；8—焊丝送进滚轮；9—小车电动机；10—机头；11—导电嘴；12—焊剂；13—渣壳；14—焊缝；15—焊接电缆

图2-21 埋弧焊装置示意图

埋弧自动焊焊接过程如图2-22所示，工件被焊处覆盖着一层30～50 mm厚的颗粒状焊

剂，焊丝连续送进，并在焊剂层下与焊件间产生电弧，电弧的热量使焊丝和工件熔化，形成金属熔池；电弧周围的焊剂被电弧熔化成液态熔渣，而液态熔渣构成的弹性膜包围着电弧和熔池，使它们与空气隔绝。随着电弧向前移动，电弧不断熔化前方的母材金属、焊丝及熔剂，而熔池后面的金属冷却形成焊缝。液态熔渣浮在熔池表面随后也冷却形成渣壳。

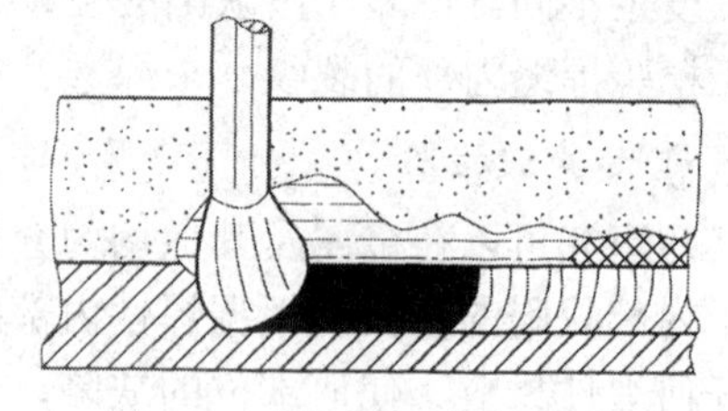

图 2-22　埋弧自动焊焊接过程

1．优点

埋弧自动焊有如下优点：

(1) 焊接电流大，熔池深，生产效率高；

(2) 对焊接熔池保护可靠，焊接质量高；

(3) 劳动条件好，没有光辐射，实现了焊接过程机械化、自动化。

2．缺点

埋弧自动焊有如下缺点：

(1) 只适用于水平面焊缝焊接；

(2) 难于焊接铝、钛等氧化性强的金属及其合金；

(3) 只适用于长焊缝的焊接；

(4) 电弧稳定性不好，不适合焊接小于 1 mm 的薄板。

2.6.2　电阻焊

电阻焊是利用电流通过焊件接头的接触面及邻近区域产生的电阻热，将焊件加热到塑性状态或局部熔化状态，再通过电极施加压力，从而形成牢固接头的一种焊接方法。

电阻焊的基本形式有点焊、缝焊和对焊三种，如图 2-23 所示。

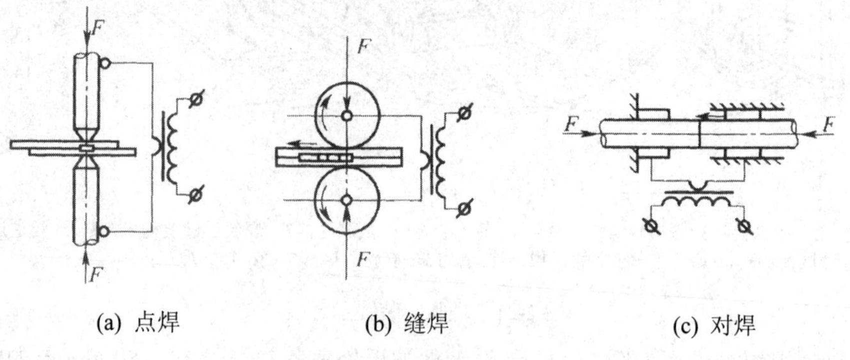

(a) 点焊　　(b) 缝焊　　(c) 对焊

图 2-23　电阻焊基本形式

1. 点焊

点焊用于薄板的焊接，主要用于焊接搭接接头，将焊件放置在上、下电极之间压紧，然后通电，产生电阻热熔化母材金属，形成焊点的电阻焊方法。

点焊变形小，工件表面光洁，适用于密封要求不高的薄板冲压件搭接及薄板、型钢构件的焊接。它广泛用于汽车、航空航天、电子等工业。

2. 缝焊

缝焊(又称滚焊)是焊件装配成搭接或对接接头，并置于两滚轮电极之间，滚轮加压焊件并转动，连续或断续送电，形成一条连续焊缝的电阻焊方法。缝焊适用于 3 mm 以下、要求密封或接头强度要求较高的薄板的焊接。

3. 对焊

对焊分电阻对焊和闪光对焊，如图 2-24 所示。

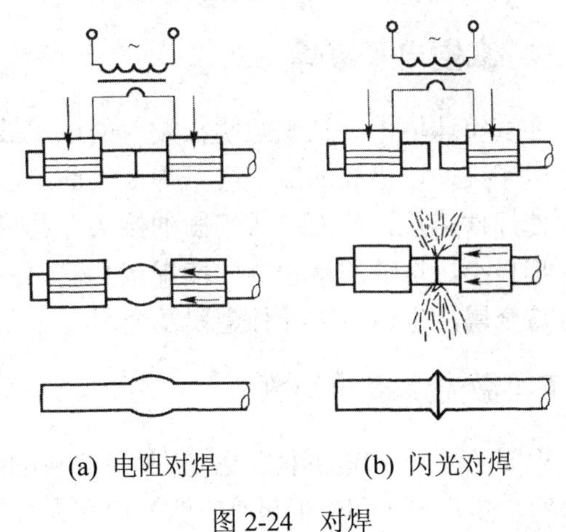

图 2-24　对焊

电阻对焊是将焊件装配成对接接头，使其端面紧密接触，利用电阻热加热至塑性状态，然后迅速施加压力完成焊接的方法，它操作简单，接头比较光洁，但由于接头中有杂质，故强度不高。

闪光对焊是将焊件装配成对接接头，接通电源，并使其端部逐渐移近达到局部接触，利用电阻加热这些接触点(产生闪光)，使端面金属熔化，直至端部在一定深度范围内达到预定温度时，迅速施加压力完成焊接的方法。这种焊接方法对接头表面的加工和清理要求不高，由于加工过程中有液态金属挤出，使其接触面间的氧化物杂质得以清除，接头质量比电阻对焊好，故得到普遍应用，但是闪光对焊金属消耗较多，接头表面较为粗糙。

2.6.3　电渣焊

利用电流通过液体熔渣所产生的电阻热进行熔焊的方法称为电渣焊。通常用于板厚为 20 mm 以上的厚工件，最大厚度可达 2 m，而且不开坡口，只需在接缝处保持 20～40 mm 的间隙即可。电渣焊节省钢材和焊接材料，生产效率和经济效益高。缺点是焊接接头晶粒粗大，对于重要结构，可通过焊后热处理来细化晶粒，改善力学性能。

2.6.4　钎焊

利用某些熔点低于被连接构件材料熔点的熔化金属(钎料)作连接的媒介物，在连接界面上的流散浸润作用，然后冷却结晶形成结合面的方法称为钎焊。

按照热源和保护条件不同，钎焊方法分为火焰钎焊(以氧-乙炔燃烧火焰为热源)、真空或充气感应钎焊(以高频感应电流的电阻热为热源)、电阻炉钎焊(以电阻炉辐射热为热源)、盐浴钎焊(以高温盐浴为热源)等若干种。

钎焊广泛用于制造硬质合金刀具、钻探钻头、自行车架、仪表、导线、电器部件等。其中，火焰钎焊硬质合金刀具时，采用黄铜作钎料，硼砂、硼酸等作钎剂；焊接电器部件时，使用焊锡作钎料，松香作钎剂。

2.6.5　真空电子束焊

在真空环境中，从炽热阴极发射的电子被高压静电场加速，并经磁场聚集成高能量密度的电子束，以极高的速度轰击焊件表面，由于电子运动受阻而被制动，遂将动能变为热能而使焊件熔化，从而形成牢固的接头。其特点是焊速很快，焊缝深而窄，热影响区和焊接变形极小，焊缝质量较高。能焊接其他焊接工艺难于焊接的形状复杂的焊件、特种金属和难熔金属，也适用于异种金属及金属与非金属的焊接等。

2.6.6　激光焊接与切割

聚集的激光束作为热源轰击焊件所产生的热量进行焊接的方法称为激光焊接。其特点是焊缝窄，热影响区和变形极小。激光束在大气中能远距离传射到焊件上，不像电子束那样需要真空室。但穿透能力不及电子束焊。激光焊可进行同种金属或异种金属间的焊接，其中包括铝、铜、银、钼、锆、铌以及难熔金属材料等，甚至还可以焊接玻璃钢等非金属材料。激光切割是由激光器所发出的水平激光束经 45° 全反射镜变为垂直向下的激光束，后经透镜聚焦，在焦点处聚成一极小的光斑，在光斑处会焦的激光功率密度高达 106～109 W/cm^2。处于其焦点处的工件受到高功率密度的激光光斑照射，会产生 10000℃以上的局部高温，使工件瞬间汽化，再配合辅助切割气体将汽化的金属吹走，从而将工件切穿成一个很小的孔。随着数控机床的移动，无数个小孔连接起来就形成了要切的外形。由于激光切割的频率非常高，所以每个小孔连接处均非常光滑，切割出来的产品表面粗糙度值很小。

2.6.7　等离子焊接与切割

等离子弧焊接是利用等离子弧作为热源的焊接方法。气体由电弧加热产生离解，在高速通过水冷喷嘴时受到压缩，增大能量密度和离解度，形成等离子弧。它的稳定性、发热量和温度都高于一般电弧，因而具有较大的熔透力和焊接速度。形成等离子弧的气体和它周围的保护气体一般用氩气，根据各种工件的材料性质，也有使用氦或氩氦、氩氢等混合气体的。等离子弧切割是一种常用的金属和非金属材料切割工艺方法。它利用高速、高温和高能的等离子气流来加热和熔化被切割材料，并借助内部的或者外部的高速气流或水流将熔化材料排开直至等离子气流束穿透背面而形成割口。

2.7　典型零件焊接训练

训练内容：采用焊条电弧焊，焊接 100 mm × 50 mm × 5 mm 的两块 Q235 钢板，焊一条长度为 100 mm 的对接平焊缝。

训练目的和要求：了解焊条电弧焊的焊接工艺，掌握焊接方法。

具体操作如下：

1. 准备工作

1) 备料

首先经过计算合理取材，并划线，用剪切或气割等方法下料，而后对工件进行校正，清理待焊部位周围的铁锈和油污，由于钢板的厚度为 5 mm(小于 6 mm)，因此选择不开坡口。

2) 正确选择焊接参数

(1) 根据实际训练条件，选用 BX3—500 型交流弧焊机。

(2) 根据工件厚度、接头形式和焊接位置等综合因素，选择 E4303 的焊条，焊接电流选择 100 A。

2. 焊接过程

1) 装配，点固

如图 2-25 所示，将两块板放平、对齐，留有 1～2 mm 间隙，并在旁边放置一块引弧板。首先，在引弧板上采用敲击法引弧，引着电弧后，再将电弧拉到工件离两边约 20～30 mm 处焊两个固定点。焊后用清渣锤除去焊点表面的熔渣。

2) 焊接

如图 2-26 所示，首先在点固面的背面工件上采用划擦法引弧，然后正确运条，采用短弧慢速焊接。焊接时还要注意保证焊缝的宽度一致，熔深要大于板厚的一半。熄弧时，可采用反复断弧法，在终点处多次熄弧、引弧、把弧坑填满。焊后用清渣锤将熔渣去除干净，再按同样的要求，焊接另一面焊缝。

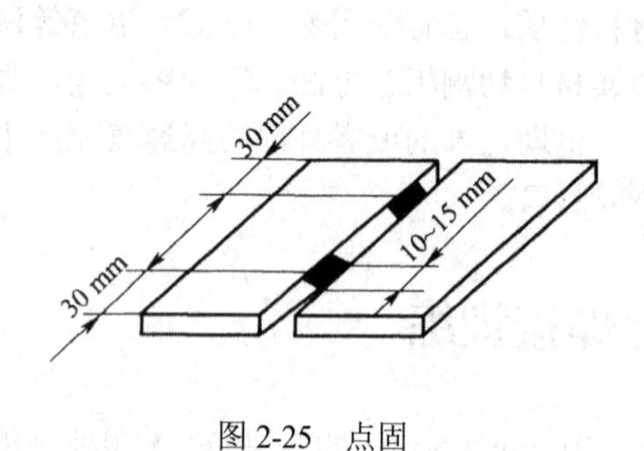

图 2-25　点固

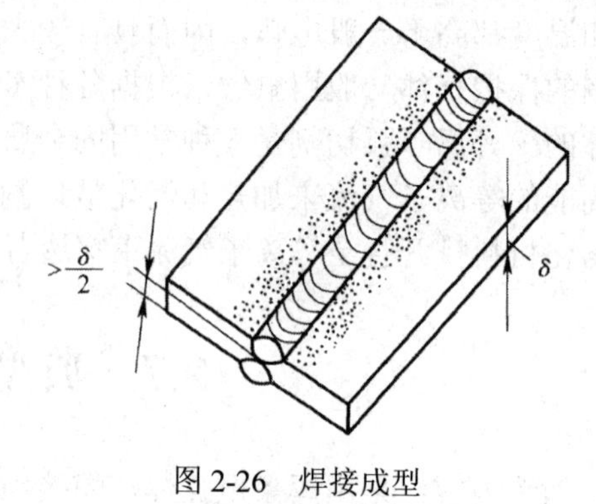

图 2-26　焊接成型

3. 焊后清理检查

焊后用清渣锤及钢丝刷等工具将工件表面的熔渣和飞溅物去除干净，进行外观检查，如有缺陷，再进行补焊处理。

2.8　焊接实习报告相关内容

一、实习准备部分(预习本章内容，简要回答以下问题)

问题 1：简述焊接电弧的三个组成部分。

问题 2：简述手工电弧焊用焊条的组成及各部分作用。

问题 3：气焊火焰分为哪几种？各适用于焊接哪些材料？

二、现场实习部分(根据实习要求，以实习模块为单位，详细记录每一模块的实习目的和要求、实习所用设备及工具、实习内容等)

实习模块 1：焊接概述，手工电弧焊训练。

实习模块 2：气焊、气割训练。

实习模块 3：采用手工电弧焊方法焊接一个典型零件。

第 3 章　车 削 加 工

3.1　概　　述

车削加工是指在车床上，工件作旋转运动，刀具作平面直线或曲线运动，完成机械零件切削加工的过程，简称车削。由于车削过程连续平稳，一般车削尺寸精度等级可达 IT9～IT7，表面粗糙度可达 *Ra*6.3～*Ra*1.6 μm。

3.1.1　车削加工范围

车削是切削加工中最常见的一个工种，各类车床约占金属切削机床总数的一半。车削加工时，工件的旋转运动为主运动，刀具的直线移动为进给运动，因此车削最适合加工回转体零件，其主要用于加工内外圆柱面、圆锥面、端面、台阶面、沟槽、钻孔、扩孔、铰空、滚花以及加工螺纹和成型面等，如图 3-1 所示。

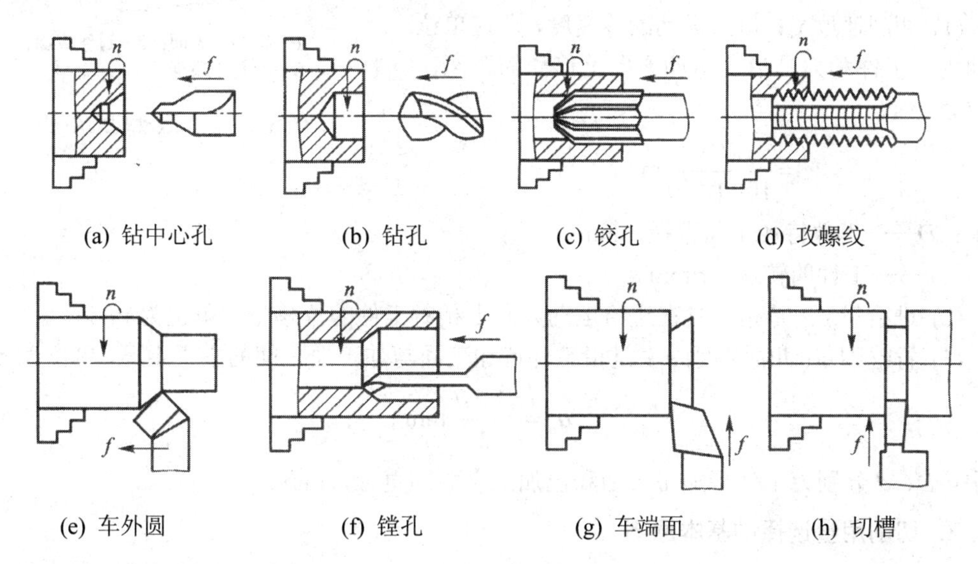

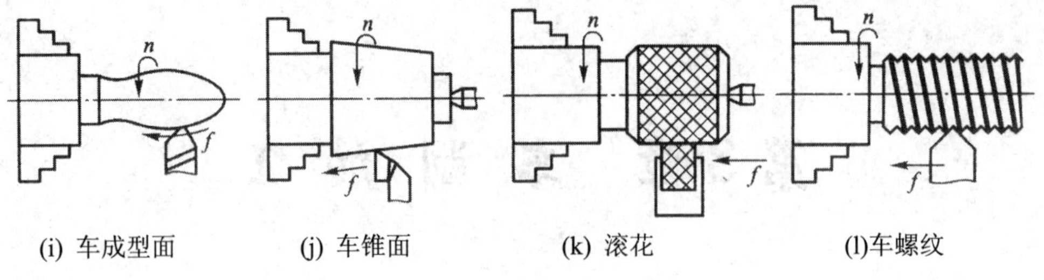

(i) 车成型面　(j) 车锥面　(k) 滚花　(l)车螺纹

图 3-1　车削加工范围

3.1.2 车削用量三要素及合理选择

1. 车削用量三要素

车削用量三要素是指切削速度(v_c)、进给量(f)和背吃刀量(a_p)。

在车床上，工件的旋转运动为主运动，刀具的移动为进给运动。在车削过程中，随着工件的旋转和刀具的移动，会在工件上产生三个不断变化的表面，即待加工表面、加工表面(过渡表面)和已加工表面，如图 3-2 所示。这三个表面和车削加工的切削用量有着密切的关系。

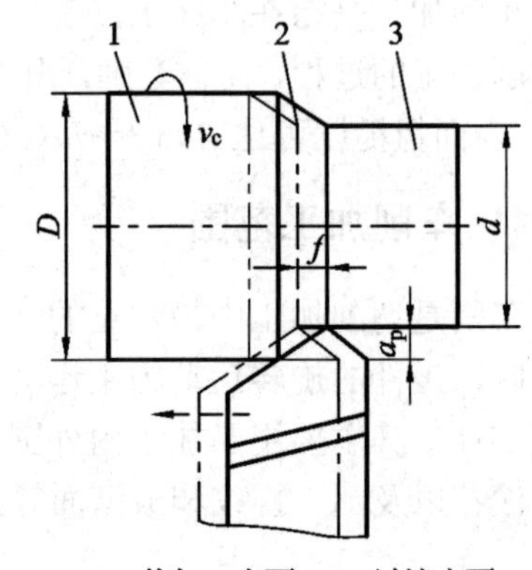

1—待加工表面；2—过渡表面；3—已加工表面

图 3-2　车削运动切削用量

(1) 切削速度 v_c：指主运动的线速度，即在单位时间内，工件和刀具沿主运动方向上移动的距离，单位为 m/s。

$$v_c = \frac{\pi D n}{1000 \times 60} \mathrm{m/s}$$

式中：D——工件待加工面直径，mm；

n——工件的转速，r/min。

(2) 进给量 f：是指刀具在进给运动方向上相对工件的位移量，单位为 mm/r。

(3) 背吃刀量(切削深度) a_p：是指工件待加工面与加工面之间的垂直距离，单位为 mm。

$$a_p = \frac{D - d}{2} \mathrm{mm}$$

式中：D、d 分别为工件待加工表面和已加工表面的直径，mm。

2. 切削用量选择的基本原则

合理选择切削用量与提高生产率和加工质量有着密切关系。切削用量选择的基本原则是：

(1) 粗加工时，应当在单位时间内切除尽量多的加工余量，使工件接近于最终的形状和尺寸。所以，在机床刚度及功率允许时，首先选择大的背吃刀量 a_p，尽量在一次走刀过程中切去大部分多余金属，其次是取较大的进给量 f，最后选取适当的切削速度 v_c。

(2) 精加工时，应当保证工件的加工精度和表面粗糙度。此时加工余量小，一般先选取小的 a_p 和 f，以降低表面粗糙度值，然后再选取较高或较低的切削速度 v_c。

3.2 零件的加工质量及其检验

机械零件的加工质量指的是零件的加工精度和表面质量，它们直接影响产品的使用性能、使用寿命、外观质量和经济性。其中，加工精度有尺寸精度、几何公差(形状精度和位置精度)，表面结构主要用表面粗糙度来评定。

3.2.1 零件的加工精度及其检验

零件几何精度是指零件加工后的实际几何参数(尺寸、形状和位置)和理想几何参数相符合的程度。精度等级的高低用公差数值的大小来表示。

1. 尺寸精度及其检验

尺寸精度是指实际零件的尺寸和理想零件的尺寸相符合的程度，即尺寸准确的程度。尺寸精度是由尺寸公差(简称公差)控制的。同一基本尺寸的零件，公差值的大小决定了零件的精确程度，公差值小的，精度高；公差值大的，精度低。

尺寸精度常用游标卡尺、百分尺等来检验。若测得尺寸在最大极限尺寸与最小极限尺寸之间，则表示零件合格；若测得尺寸大于最大实体尺寸，则表示零件不合格，需进一步加工；若测得尺寸小于最小实体尺寸，则零件应以报废。

2. 形位精度及其检验

零件的形状精度是指一表面的实际形状与理想形状相符合的程度。位置精度是指零件点、线、面的实际位置与理想位置相符合的程度。表面形状和位置的精度用几何公差来控制。几何公差的项目及其符号见表 3-1 与表 3-2 所示。

表 3-1 形状公差项目及其符号

项目	直线度	平面度	圆度	圆柱度	线轮廓度	面轮廓度
符号	—	⏥	○	⌭	⌒	⌓

表 3-2 位置公差项目及其符号

项目	平行度	垂直度	倾斜度	同轴度	对称度	位置度	圆跳动	全跳动
符号	//	⊥	∠	◎	⌯	⌖	↗	⌰

常用形位精度的检验方法如下：

(1) 直线度。在平面上给定方向的直线度公差带是在该方向上距离为公差值的两平行直线之间的区域。直线度检测方法如图 3-3 所示，将刀口形直尺沿给定方向与被测平面接触，并使两者之间的最大缝隙为最小，测得的最大缝隙即为此平面在该素线方向的直线度误差。当缝隙很小时，可根据光隙进行估计；当缝隙较大时，可用塞尺来测量。

(2) 平面度。距离为公差值的两平行平面之间的区域为平面度公差带。平面度检测方法如图 3-4 所示，将刀口形直尺与被测平面接触，在各个方向检测，其中最大缝隙的读数值即为平面度误差。

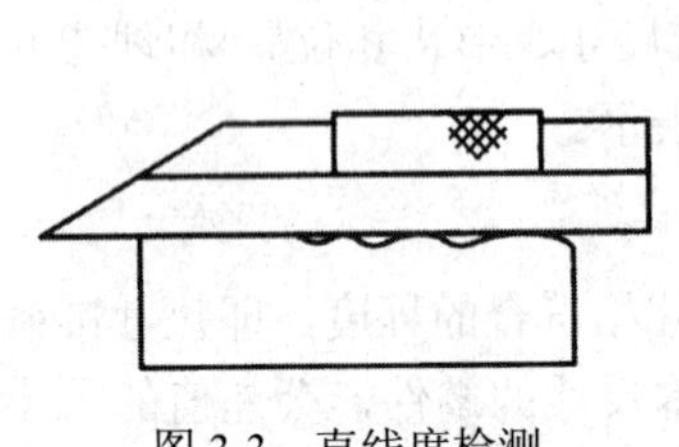

图 3-3 直线度检测

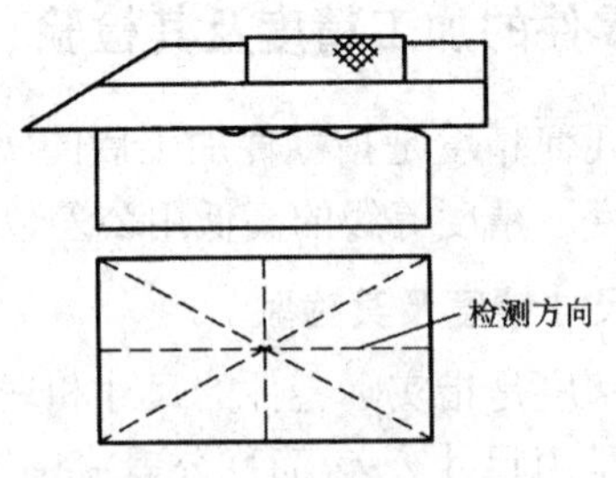

图 3-4 平面度检测

(3) 平行度。当给定一个方向时，平行度公差带是距离为公差值，且平行于基准面(或线)的两平行面(或线)之间的区域。平行度检测方法如图 3-5 所示，将被测零件放置在平板上，移动百分表，在被测表面上按规定测量线进行测量，百分表最大与最小读数之差值，即为平行度误差。

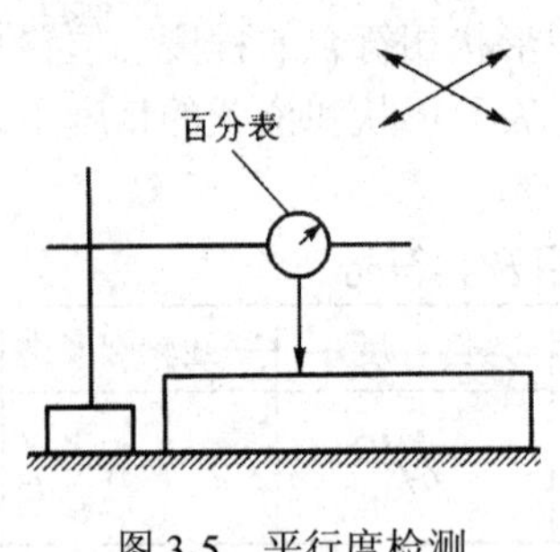

图 3-5 平行度检测

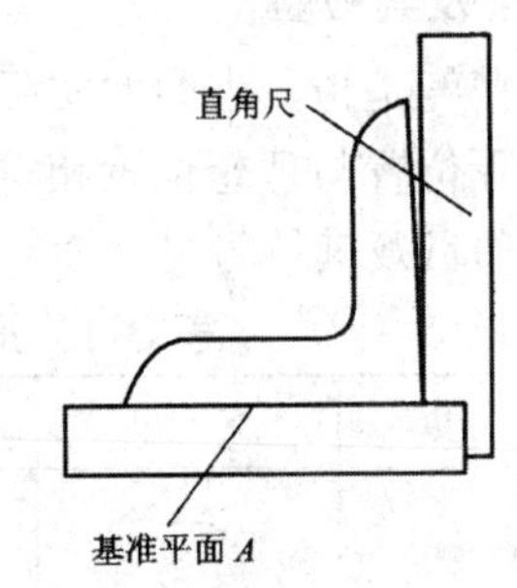

图 3-6 垂直度检测

(4) 垂直度。当给定一个方向时，垂直度公差的公差带是距离为公差值，且垂直于基准面(或线)的两平行平面(或线)之间的区域。垂直度检测方法如图3-6所示，将90°角尺宽边贴靠基准平面 *A*，测量被测平面与90°角尺窄边之间的缝隙，方法同直线度误差的测量，最大缝隙即垂直度误差。

3.2.2　表面结构

零件的表面结构用表面粗糙度来评定。采用任何方法加工，由于刀痕及振动、摩擦等原因，都会有在工件表面留下凹凸不平的波峰波谷的现象。这些微小峰谷的高低程度和间距状况就是零件的表面粗糙度。

最常用的评定表面粗糙度的参数是轮廓算术平均偏差 *Ra*，其单位为μm。

检验表面粗糙度的方法主要有标准样板比较法(不同的加工法有不同的标准样板)、显微镜测量计算法等。在实际生产中，最常用的检测方法是标准样板比较法。比较法是将被测表面对照粗糙度样板，用肉眼判断或借助于放大镜、显微镜进行比较；也可以用手摸、指甲划动的感觉来判断表面粗糙度。选择表面粗糙度样板时，样板材料、表面形状及制造工艺应尽可能与被测工件相同。

3.3　常用量具及其使用方法

量具是用来测量加工出的零件是否符合图样要求的工具。由于被测量零件的尺寸、形状各异，需测量的项目较多，量具的种类相应也很多，此处介绍几种常用量具及其用法。

1. 游标卡尺

游标卡尺可以直接测量出工件的外径、内径、宽度、深度等。它是一种精密的量具，按测量精度分有0.1 mm、0.05 mm和0.02 mm等规格，按测量范围分有0～25 mm、0～300 mm等规格。图3-7所示是测量精度为0.02的游标卡尺，图3-8所示为用游标卡尺测量的操作方法。

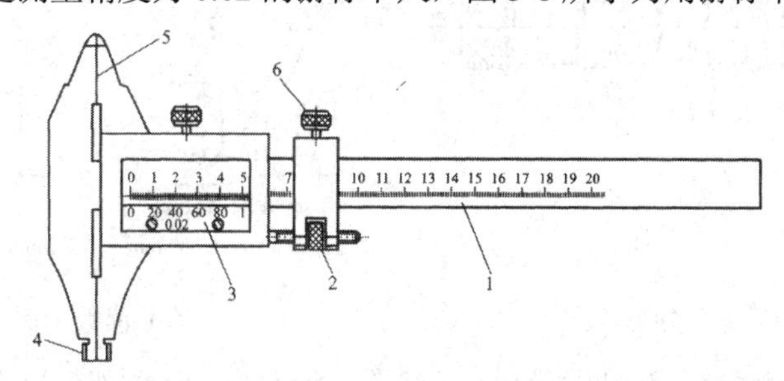

1—主尺；2—微动螺母；3—游标；4—内尺寸量爪；5—外尺寸量爪；6—锁紧螺钉

图3-7　游标卡尺的组成部分

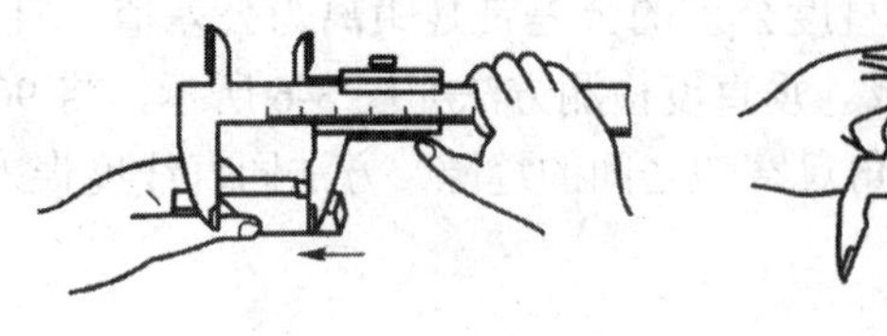

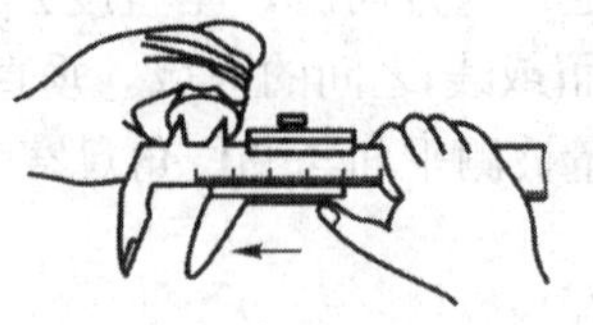

(a) 测量外表面尺寸　　(b) 测量内表面尺寸　　(c) 测量深度

图 3-8　用游标卡尺测量的操作方法

1) 读数方法

游标卡尺的测量尺寸由整毫米数和小数两部分组成，具体读数方法如下：

(1) 整毫米数：尺身上游标 0 位以左的整数。

(2) 小数：游标上与主尺刻度线对准的刻度数乘以精度(如精度为 0.1 mm、0.05 mm、0.02 mm 的游标卡尺对应乘以 0.1、0.05、0.02)。

2) 使用游标卡尺的注意事项

(1) 使用前先擦净内、外量爪，再将两量爪贴紧，检查尺身和游标的零线是否重合，若不重合，应在测量后修正读数。

(2) 测量时量爪逐渐靠近工件表面，直至轻微接触，若量爪用力夹紧工件会使量爪变形或磨损。测量时还应使尺框和内外量爪放正，否则测量不准。

(3) 被测工件表面应光滑，若工件表面粗糙或测量时工件仍在运动会加速量爪的磨损。

2. 千分尺

千分尺分为外径千分尺、内径千分尺及深度千分尺等，精度为 0.10 mm。千分尺及其组成部分如图 3-9 所示。

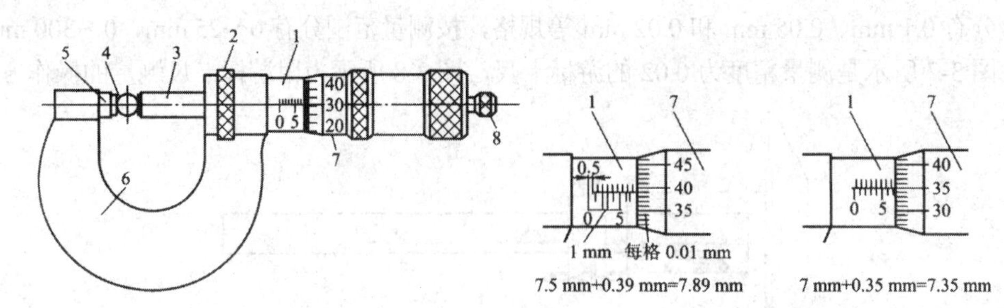

(a) 千分尺外形　　(b) 读数示例

1—固定套筒；2—制动环；3—测微螺杆；4—工件；5—砧座；6—尺架；7—微分筒；8—棘轮

图 3-9　千分尺及其组成

1) 读数方法

千分尺的测量尺寸由 0.5 mm 的整数倍和小于 0.5 mm 的小数两部分组成：

(1) 0.5 mm 的整数倍：固定套筒上距离微分筒边线最近的刻度数。

(2) 小于 0.5 mm 的小数：微分筒上与固定套筒中线重合的圆周刻度数乘以 0.01。

2) 使用千分尺的注意事项

(1) 使用前将千分尺砧座和测微螺杆擦净，再将两者接触，看圆周刻度零线是否与中线零点对齐，若没有对齐，在测量后应修正读数。

(2) 测量时，先旋转微分筒使螺杆将要接触到工件时，再改用端部棘轮，当听到“喀喀”的打滑声时，应停止拧动，否则会使螺杆弯曲或测量面磨损。另外，工件一定要放正。

3. 卡规与塞规

卡规是测量外径或厚度的量具，塞规是测量内径或槽宽的量具。成批大量生产时使用卡规和塞规，测量准确、方便。卡规和塞规的结构及测量方法如图 3-10 和图 3-11 所示。

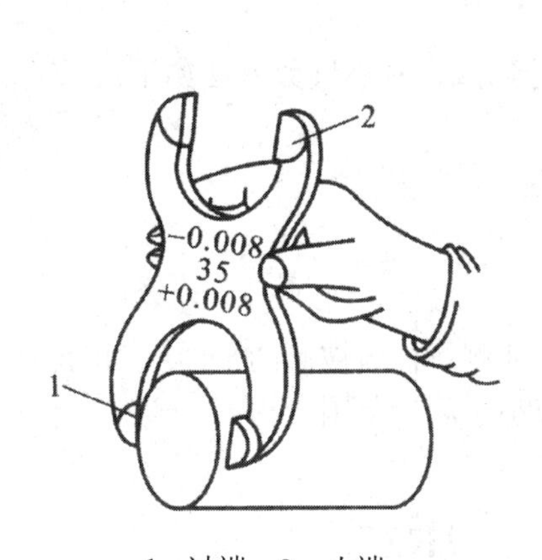

1—过端；2—止端

图 3-10　卡规及其使用

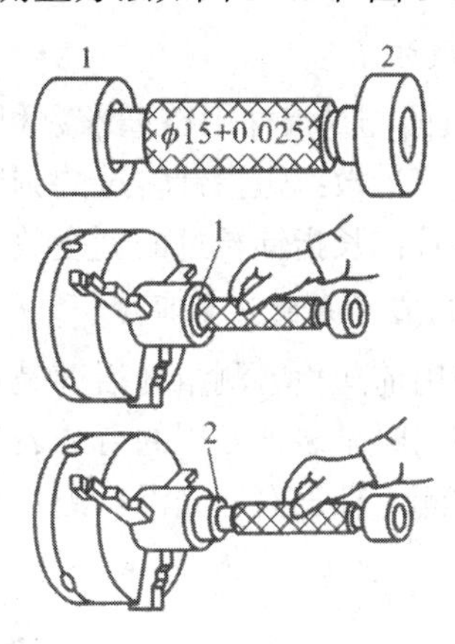

1—过端；2—止端

图 3-11　塞规及其使用

卡规和塞规都有过端和止端。若在测量时，能通过过端，不能通过止端，则工件在公差范围内，工件合格。卡规的过端尺寸等于工件的最大极限尺寸，而止端尺寸等于工件的最小极限尺寸。塞规的过端尺寸等于工件的最小极限尺寸，而止端尺寸等于工件的最大极限尺寸。

4. 百分表

百分表是将测量杆的直线位移转变为角位移的高精度的量具。主要用于检验零件的形状、位置误差，校正工件的安装位置。图 3-12 所示为百分表外形及其安装示意图。

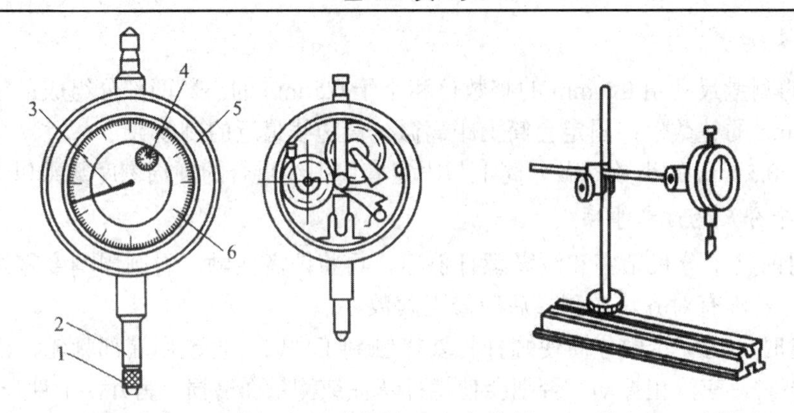

1—测帚头；2—测蚩杆；3—长指针；4—短指针；5—表壳；6—刻度盘

(a) 外形　　(b) 百分表安装

图 3-12　百分表外形及其安装示意图

1) *读数方法*

百分表的测量尺寸由整毫米数和小数两部分组成，具体读数方法如下：

(1) 整毫米数：短指针转过的刻度数。

(2) 小数：长指针转过的刻度数乘以 0.01 mm。

2) *使用百分表的注意事项*

(1) 使用前应检验测量杆活动是否灵活。

(2) 使用时常装于专用的百分表尺架上，保证测量杆与被测的平面或圆的轴线垂直。

(3) 被测工件表面应光滑，测量杆的行程应小于测量范围。

3.4　车　　床

3.4.1　卧式车床及其传动系统

车床的种类有很多，按其结构特点和用途可分为卧式车床、立式车床、转塔车床、仪表车床、数控车床及自动、半自动车床等多种类型。本章以应用最广泛的卧式车床 CA6140 为重点，介绍车床的结构及车削加工方法。

1. 卧式车床的编号

车床均用汉语拼音字母和数字，按一定的规律进行编号，以表示车床的类型和主要规格。例如车床编号 CA6140，字母和数字的含义为：C(车床类)、A(结构特性代号)、6(落地及卧式车床组)、1(卧式车床系)、40 (最大车削直径为 400 mm)。

2. 卧式车床的各组成部分及其作用

CA6l40 卧式车床主要由三箱、二架以及一身几大部分组成。三箱分别是主轴箱、进给箱、溜板箱，二架分别是刀架和尾架，一身即为床身，如图 3-13 所示。

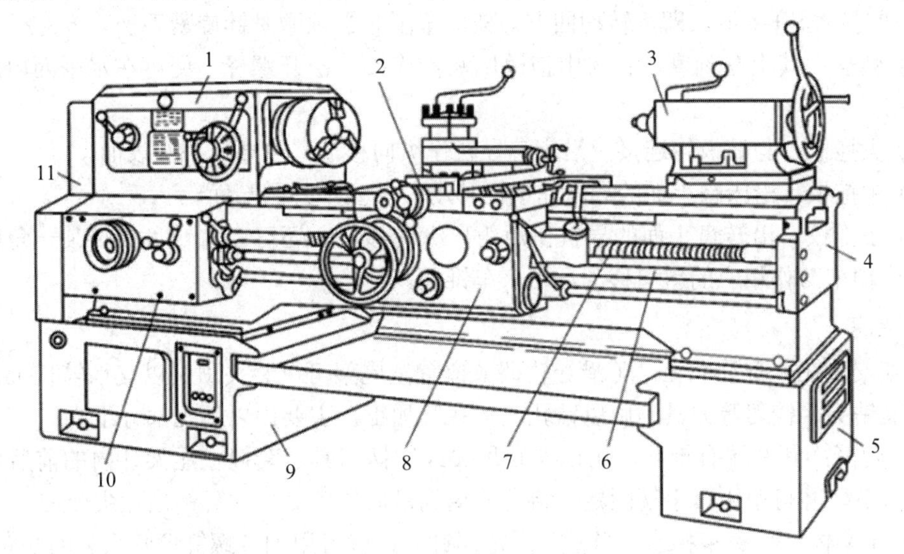

1—主轴箱；2—刀架；3—尾座；4—床身；5—右床腿；6—光杠；7—丝杠；
8—溜板箱；9—左床腿；10—进给箱；11—交换齿轮变速机构

图 3-13 CA6140 型卧式车床外形图

1) 主轴箱

主轴箱又称床头箱，位于机床的左上端，内装主轴和一套主轴变速机构，用来带动主轴、卡盘(工件)转动。变换箱外的变速手柄位置，可使主轴得到各种不同的转速。主轴为空心台阶轴，其前端内部为内锥孔，用于装夹顶尖或刀具、夹具等，前端外部为螺纹或锥面，用于安装卡盘等夹具。

2) 进给箱

进给箱又称走刀箱，内装进给运动的变速齿轮，它是将挂轮传来的旋转运动传给丝杠和光杠。改变进给手柄的位置，可使光杠或丝杠得到不同的转速，从而改变纵向、横向进给量或螺纹螺距的大小。

3) 溜板箱

溜板箱又称拖板箱，它是将光杠传来的旋转运动变为车刀的纵、横向直线移动，也可将丝杠传来的运动转换为螺纹走刀运动。

4) 刀架

刀架是用来夹持刀具并使其作纵向、横向或斜向进给运动。它由一个四方刀架、一个转盘以及大、中、小三个拖板组成。

(1) 四方刀架：固定在小拖板上，用来夹持刀具。可以同时装夹四把不同的刀具。换刀时，逆时针松开手柄，即可转动四方刀架，车削时必须顺时针旋紧手柄。

(2) 转盘：其上有刻度，它与中拖板用螺栓连接。松开螺母，便可在水平面内旋转任意角度。

(3) 大拖板：与溜板箱连接，沿床身导轨作纵向移动，主要车外圆表面。

(4) 中拖板：沿床鞍上面的导轨作横向移动，主要车外圆端面。

(5) 小拖板：沿转盘上面的导轨作短距离纵向移动，还可以将转盘扳转某一角度后，小拖板带动车刀作相应的斜向移动，用来车锥面。

5) 尾架

尾架安装在床身导轨上，可沿导轨调节位置。尾架可以装夹顶尖以支承较长工件，还可以安装钻头、铰刀等刀具，用以钻孔、扩孔等加工，主要由以下几部分组成：

(1) 套筒：其左端有锥孔，用以安装顶尖或锥柄刀具。套筒在尾架体内的前后位置可用手轮调节，并可用锁紧手柄固定。将套筒退到最后位置时，即可卸出顶尖或刀具。

(2) 尾座体：与底座相连，当松开固定螺钉后，就可用调节螺钉调整顶尖的横向位置。

(3) 底座：直接支承于床身导轨上。

6) 床身

床身主要用以支承和连接各主要部件并保证各部件在运动时有正确的相对位置。在床身上有供溜板箱和尾架移动用的导轨。床身是由前、后床腿支承并固定在地基上的。

7) 光杠与丝杠

将进给箱的运动传至溜板箱。光杠用于一般车削，丝杆用于车螺纹。

8) 前床脚和后床脚

是用来支承和连接车床各零部件的基础构件，床脚用地脚螺栓紧固在地基上。车床的变速箱与电机安装在前床脚内腔中，车床的电气控制系统安装在后床脚内腔中。

3. CA6140 型卧式车床的传动系统

CA6140 型卧式车床的传动系统由主运动传动链，螺纹进给传动链和纵向、横向进给传动链等组成，电动机的旋转运动通过带轮、齿轮、丝杠、螺母或齿轮、齿条等构件逐级传至机床的主轴或刀架。其传动路线示意框图如图 3-14 所示。

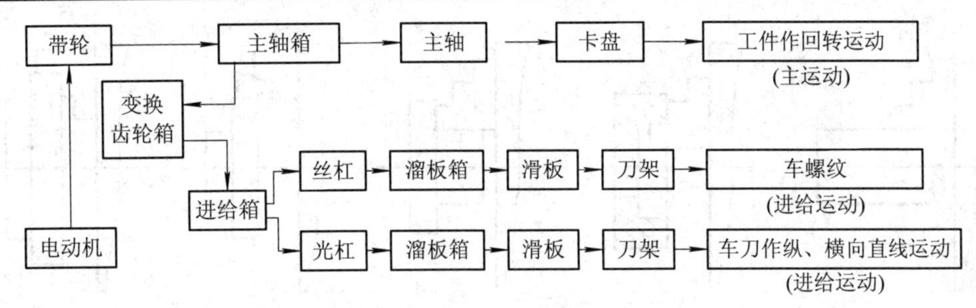

图3-14　CA6140车床的传动系统示意框图

4. 卧式车床上工件的安装及所用附件

车削加工装夹工件时，都要求定位准确、夹紧可靠；能承受合理的切削力；操作方便，顺利加工，达到预期的加工质量。常用三爪自定心卡盘、四爪单动卡盘、花盘、心轴、顶尖、中心架、跟刀架等机床附件。

1) 用三爪自定心卡盘装夹工件

三爪自定心卡盘是车床上应用最为广泛的通用夹具，它是由一个大锥齿轮(背面有平面螺纹)、三个小锥齿轮及三个卡爪等组成的锥齿轮传动机构。用卡盘扳手插人任何一个方孔内，顺时针转动小锥齿轮，与它啮合的大锥齿轮将随之转动，大锥齿轮背面的方牙平面螺纹即带动三个卡爪同时移向中心，夹紧工件。扳手反转，卡爪即松开。由于三爪卡盘的三个卡爪是同时移动自行定位和夹紧，使用方便，适合于装夹圆形、六角形的工件毛坯、棒料及车过外圆的零件，其结构如图3-15所示。三爪卡盘对中的准确度为0.05～0.15 mm。

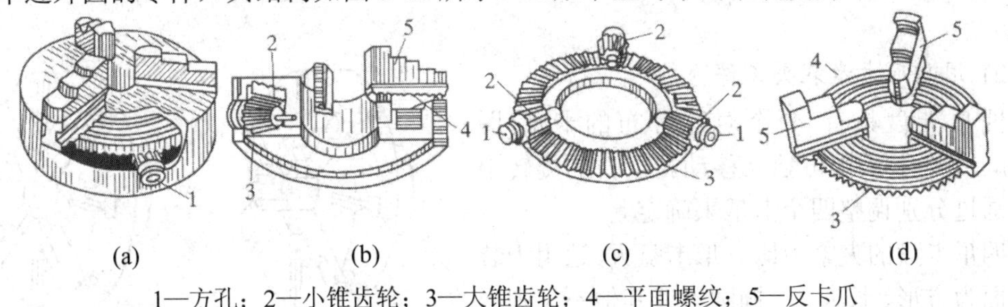

1—方孔；2—小锥齿轮；3—大锥齿轮；4—平面螺纹；5—反卡爪

图3-15　三爪自定心卡盘

三爪卡盘安装工件的形式如图3-16所示。夹持圆钢棒料(图3-16(a))比较稳定牢固，一般也无需找正。利用卡爪反撑内孔(图3-16(b))以及反爪夹持工件 (图3-16(e))，一般应使端面贴紧卡爪端面。当夹持工件外圆而左端又不能贴紧卡盘时(图3-16(d))应对工件进行找正。一般先轻轻夹紧工件，用手扳动卡盘靠目测或划针盘找正，用小锤轻击，直至工件径向和端面跳动符合加工要求时，再进一步夹紧。

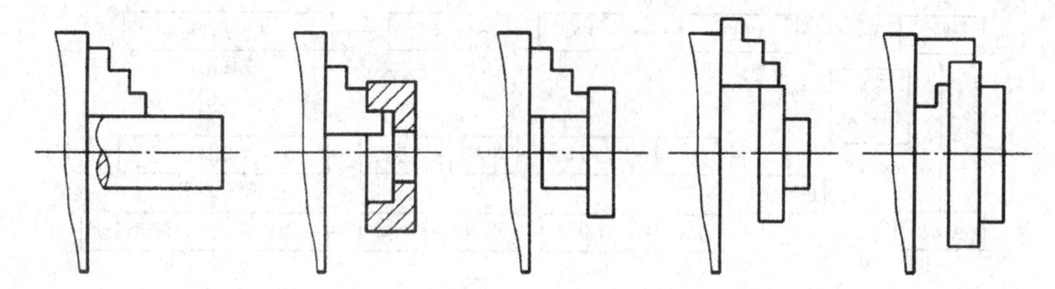

(a) 夹持棒料　(b) 用卡爪反撑内孔　(c) 夹持小外圆　(d) 夹持大外圆　(e) 用反爪夹持工件

图 3-16　三爪自定心卡盘安装工件示例

件数较多时，为了减少找正时间，可在工件与卡盘之间加一平行垫块，用小锤轻击，使之贴平即可。

卡盘安装工件的注意事项如下：

(1) 毛坯上的飞边、凸台应避开卡爪的位置。

(2) 卡盘夹持的毛坯外圆面长度一般不要小于 10 mm，不宜夹持长度较短又有明显锥度的毛坏外网。

(3) 工件找正后必须夹牢。

(4) 夹持棒料和圆筒形工件，悬伸长度一般不宜超过直径的 3～4 倍，以防止工件弯曲变形过大；防止工件被车刀顶弯、顶落，造成打刀等事故。

(5) 安装工件后，卡盘扳手必须随即取下，以防开车后扳手撞击床面后“飞出”，造成事故。

2) 用四爪卡盘装夹工件

四爪卡盘具有 4 个对称分布的卡爪(图 3-17)，每个卡爪均可独立移动。工件的旋转中心可通过分别调整四个卡爪来确定。

四爪卡盘的夹紧力比三爪卡盘大，适用于装夹截面为方形、长方形、椭圆形或其他不规则形状的工件，也可将圆形截面工件偏心安装来加工出偏心轴或偏心孔。有时也用四爪卡盘装夹工件来加工外圆、内孔和端面。

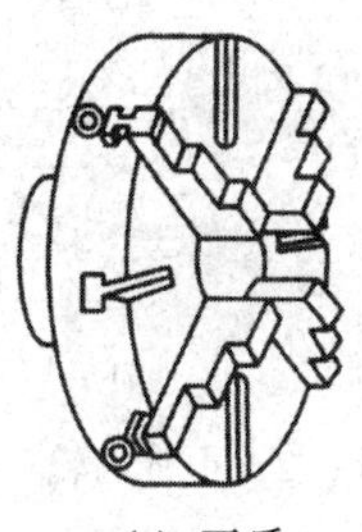

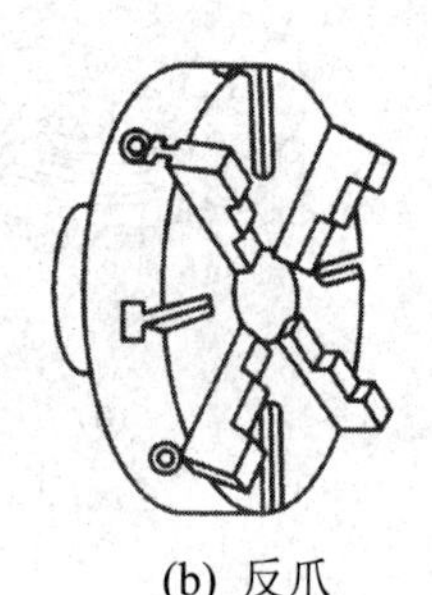

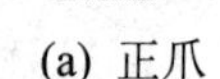

(a) 正爪　(b) 反爪

图 3-17　四爪卡盘

用四爪卡盘装夹工件时，一般可用划针按工件上划出的加工线或基准线(如外圆、内孔等)找正工件的旋转中心，如图 3-18(a)所示。当工件安装精度要求较高时，可用百分表找正，如图 3-18(b)所示。

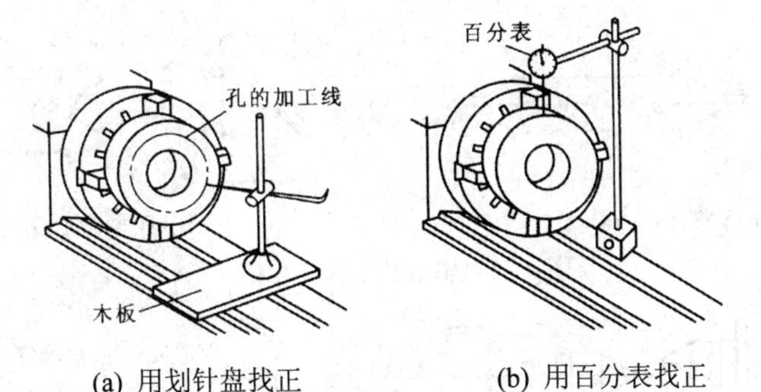

(a) 用划针盘找正　　(b) 用百分表找正

图 3-18　四爪卡盘装夹工件时的找正

3) 用顶尖装夹工件

顶尖的种类、形状如图 3-19 所示。

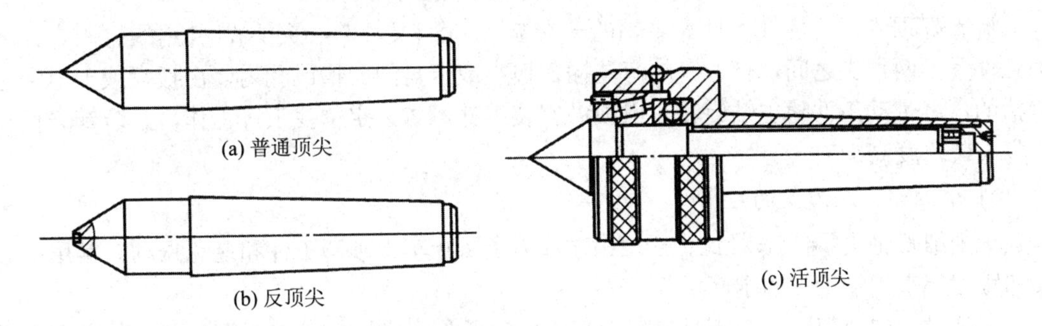

(a) 普通顶尖

(b) 反顶尖

(c) 活顶尖

图 3-19　顶尖的种类及形状

在车床上用顶尖安装轴类工件的方法如图 3-20 所示。用顶尖安装工件前，应用中心钻在工件两端加工出中心孔(图 3-21)。中心钻的 60° 锥面是和顶尖相配合的，前面的小圆柱孔是为了保证顶尖与锥面能紧密接触，并可储存润滑油。双锥面中心孔的 20° 锥面称为保护锥面，用于防止 60° 锥面被碰坏。

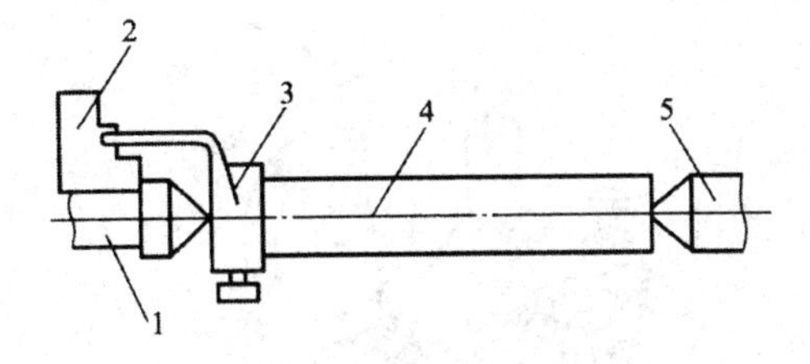

1—前顶尖；2—卡爪；3—卡箍；
4—工件；5—后顶尖

图 3-20　用顶尖安装轴类工件

安装工件时，先把前顶尖(用普通顶尖)安装在主轴锥孔或三爪卡盘中，把后顶尖(多用活顶尖，以减小顶尖孔的磨损)安装在尾座套筒中，然后移动尾座，使前后顶尖靠拢，调整尾座两侧的调节螺钉使两顶尖轴线重合，如图 3-22 所示。

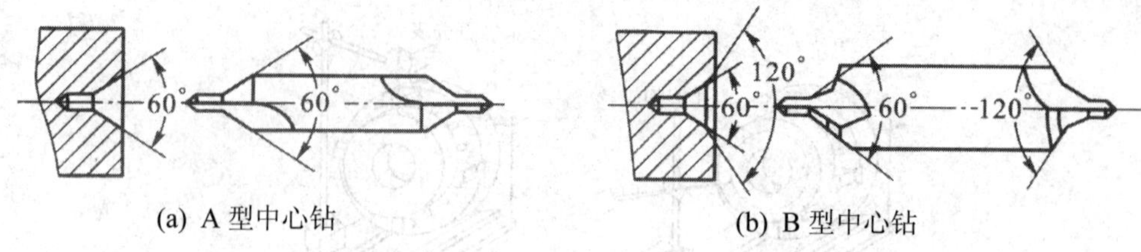

(a) A 型中心钻　　(b) B 型中心钻

图 3-21　中心孔及其所用的中心钻

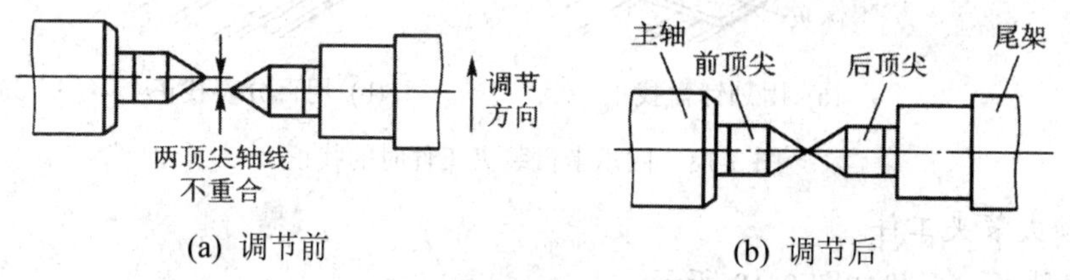

(a) 调节前　　(b) 调节后

图 3-22　顶尖的调节校正方法

调整好顶尖后，应在工件靠主轴的一端装上卡箍(又称鸡心夹头)，并用螺钉固定，在把工件置于两顶尖之间，使卡箍的弯尾插入拨盘或卡盘的凹槽或孔内，由拨盘或卡盘通过卡箍的弯尾带动工件随主轴旋转。用顶尖安装工件可省去定位找正等工作，且装卸方便。重复安装精度高。

4) 中心架和跟刀架的应用

车削细长轴类零件(长径比大于 10)时，为了防止车刀顶弯工件和避免振动，常用中心架和跟刀架来增加工件的刚性。

车削时，中心架固定在床身导轨上起固定支承作用(图 3-23)；跟刀架则是装在横溜板上随刀架一起移动起活动支承作用(图 3-24)。由于中心架和跟刀架一般都是以已加工表面作为支承面，所以为了防止磨损，应加机油进行润滑。

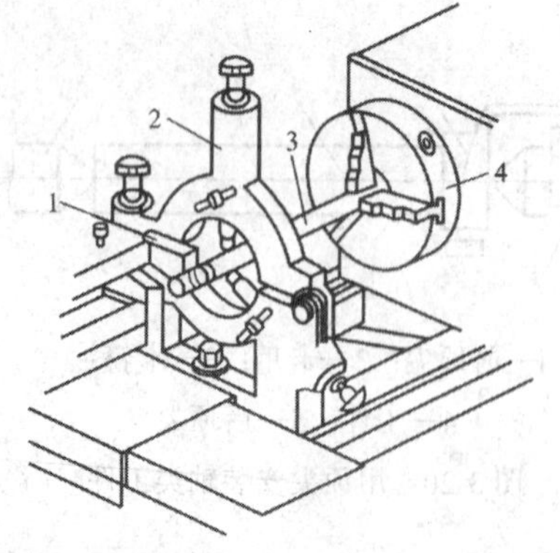

1—刀架；2—中心架；3—工件；4—三爪卡盘

图 3-23　中心架及其应用

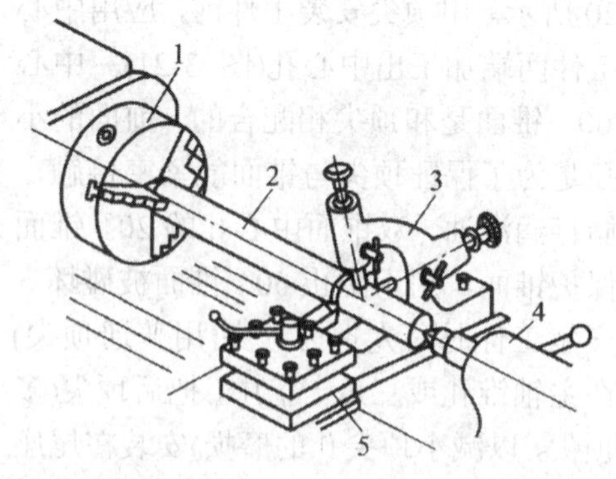

1—三爪卡盘；2—工件；3—跟刀架；4—尾架；5—刀架

图 3-24　跟刀架及其应用

5) 用心轴安装工件

精加工盘套类零件时，如孔与外圆的同轴度，以及孔与端面的垂直度要求较高时，常采用心轴安装。这时应先加工好孔，再以孔定位，安装在心轴上加工外圆和端面。

根据工件的形状尺寸与精度要求可采用不同结构的心轴。当工件长度大于孔径时，可采用稍带有锥度(1∶1000～1∶2000)的心轴(图 3-25(a))，靠心轴圆锥表面与工件间的摩擦力而将工件夹紧。当工件长度比孔径小时，则应使用带螺母压紧的圆柱心轴(图 3-25(b))，为了保证内外圆同轴度要求，孔与心轴之间的配合间隙应尽可能小。

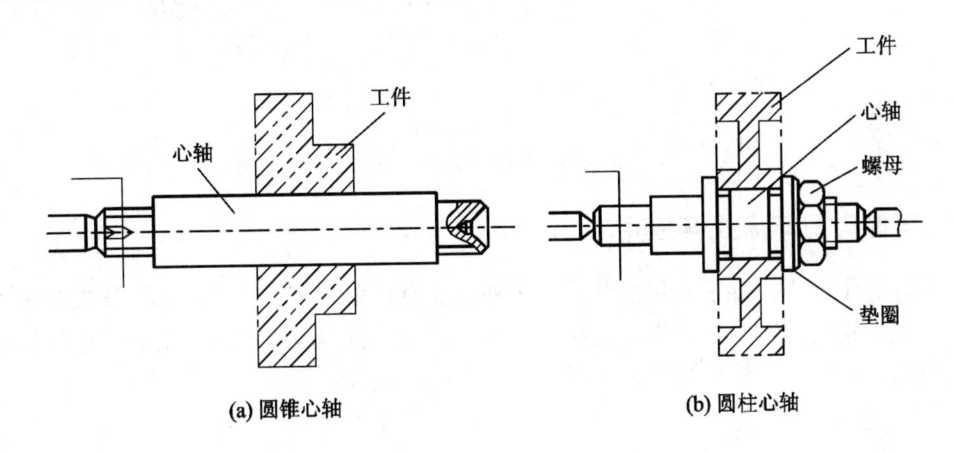

图 3-25　工件在心轴上的装夹

6) 用花盘安装工件

花盘装在主轴前端，它的盘面上有几条长短不同的通槽和 T 形槽，以便用螺栓、压板等将工件压紧在它的工作面上。它多用于安装形状比较特别的，而三爪和四爪卡盘无法装夹的工件，在安装时，根据预先在工件上划好的基准线来进行找正，再将工件压紧。对于不规则的工件，应在花盘上装上适当的平衡块保持平衡，以免因花盘重心与机床回转中心不重合而影响工件的加工精度，甚至导致意外事故发生。

用花盘安装工件有两种形式：

(1) 若工件被加工表面的回转轴线与其基准面垂直时，直接将工件安装在花盘的工作面上，如图 3-26(a)所示。

(2) 若工件被加工表面的回转轴线与其基准面平行时，将工件安装在花盘的角铁上加工，如图 3-26(b)所示，工件在花盘上的定位要用划针盘等找正。

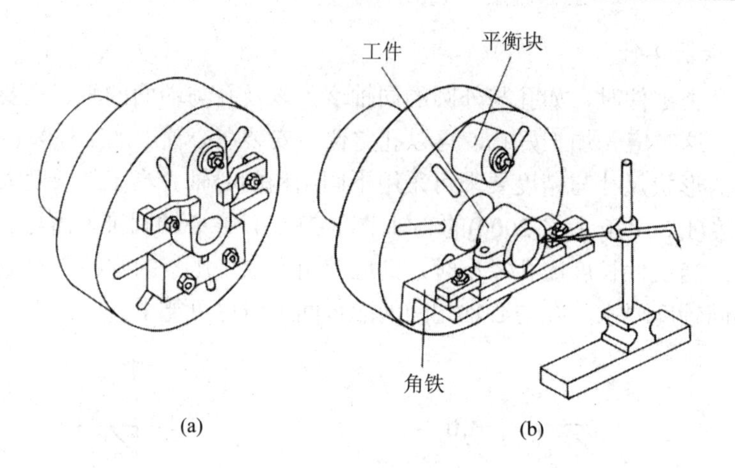

图 3-26　花盘安装工件方法

3.4.2　其他类型车床及其应用

在实际的生产中，除了常用的卧式车床外，还有转塔车床、立式车床、仪表车床、仿形车床、多刀半自动车床等，以满足不同形状、尺寸、批量及特殊加工需要。但随着科学技术的发展，它们大多数已被数控机床所代替。

1. 转塔车床

转塔车床具有能装多把刀具的转塔刀架，能在工件的一次装夹中由工人依次使用不同刀具完成多种工序，适用于成批生产，如图 3-27 所示。

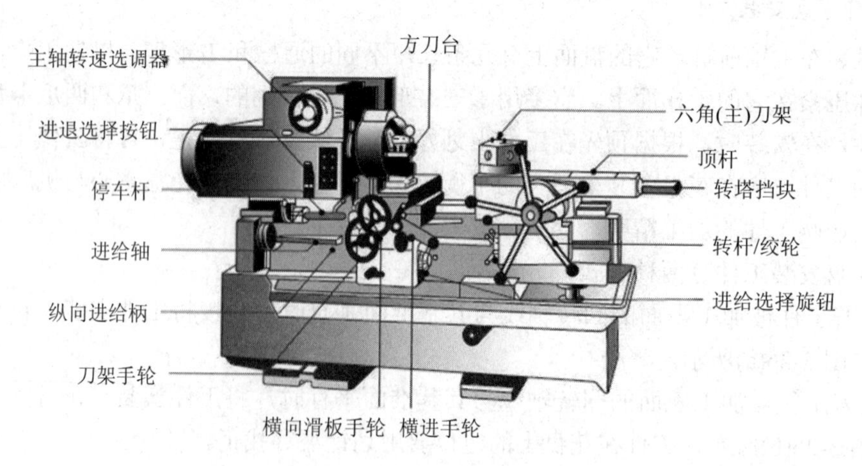

图 3-27　转塔车床

2. 多刀半自动车床

多刀半自动车床有单轴、多轴、卧式和立式之分。单轴卧式的布局形式与普通车床相似，但两组刀架分别装在主轴的前后或上下，用于加工盘、环和轴类工件。其生产效率比普通车床提高 3～5 倍，如图 3-28 所示。

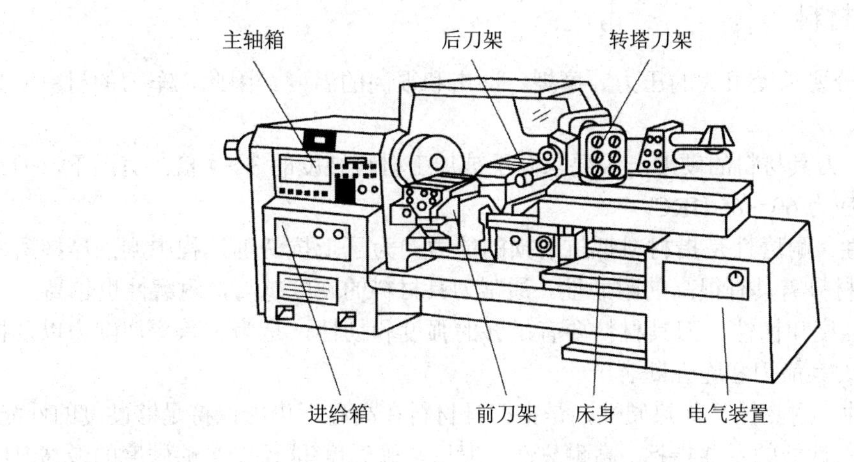

图 3-28　多刀半自动车床

3. 立式车床

主轴垂直于水平面，工件装夹在水平的回转工作台上，刀架在横梁或立柱上移动。适用于加工较大、较重、难于在普通车床上安装的工件，分单柱和双柱两大类，如图 3-29 所示。

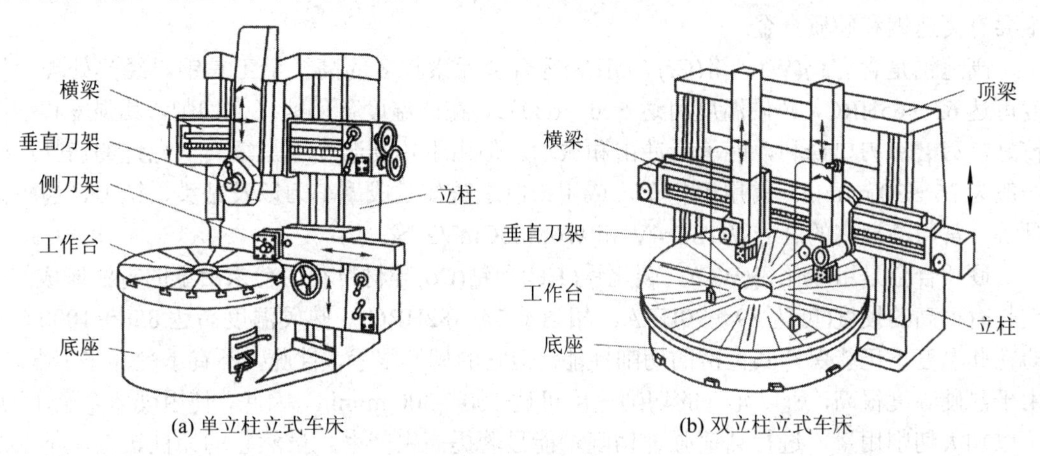

(a) 单立柱立式车床　(b) 双立柱立式车床

图 3-29　立式车床

3.5　车刀及其安装

3.5.1　车刀的材料

车刀切削部分要承受很大的压力、摩擦、冲击和很高的温度。因此，车刀的材料应具以下性能：

(1) 高硬度。刀具材料的硬度一般要求高于被加工材料硬度的3～4倍。室温下，刀具材料的硬度一般应为60～65 HRC。

(2) 高耐磨性。耐磨性是指材料抵抗磨损的能力。为了抵抗切削过程中剧烈摩擦所引起的磨损，刀具材料需具有很高的耐磨性。通常刀具材料的硬度越高，耐磨性也越高。

(3) 足够的强度和韧性。刀具材料要有足够的强度和韧性，是为了承受切削力以及振动和冲击，防止刀具崩刃和脆性断裂。

(4) 高耐热性。耐热性又称热硬性，是指刀具材料在高温下仍能保持足够硬度的性能。它是衡量刀具材料性能的主要指标。高耐热性一般以热硬温度(能保持足够硬度的最高温度)来表示。

(5) 一定的工艺性能。为了便于刀具的制造和刃磨，刀具材料应具备一定的切削性能、刃磨性能、焊接性能以及热处理性能。

刀具材料有碳素工具钢、合金工具钢、高速钢、硬质合金及陶瓷等。常用的车刀材料主要有高速钢和硬质合金。

高速钢是含有钨(W)、铬(Cr)、钒(V)等合金元素较多的高合金工具钢。经热处理后硬度可达62～65HRC，热硬温度可达500～600℃，在此温度下仍能正常切削。其强度和韧性较好，刃磨后刃口锋利，能承受冲击和振动。但由于热硬温度不是很高，允许的切削速度一般为25～30 m/min。常用于精车，或用来制造整体式成型车刀以及钻头、铣刀、齿轮刀具等。常用高速钢的牌号W18Cr4V和W6M05Cr4V2等。

硬质合金是用碳化钨(WC)、碳化钛(TiC)和钴(Co)等材料利用粉末冶金的方法制成的。它具有很高的硬度(可达89～90HRA，相当于74～82HRC)。热硬温度高达850～1000℃，即在此温度下仍能保持其正常的切削性能。但它的韧性很差，性脆，不宜承受冲击和振动。由于热硬温度很高，所以允许的切削速度可达100～300 m/min。因此，使用硬质合金车刀，可以加大切削用量，进行高速强力切削，能显著提高生产率。虽然它的韧性较差，不耐冲击，但可以制成各种形式的刀片，将其焊接在45钢的刀杆上或采用机械夹固的方式夹持在刀杆上。所以，车刀的主要材料是硬质合金。其他刀具如刨刀、铣刀等的材料也广泛应用硬质合金。

3.5.2 车刀的组成部分

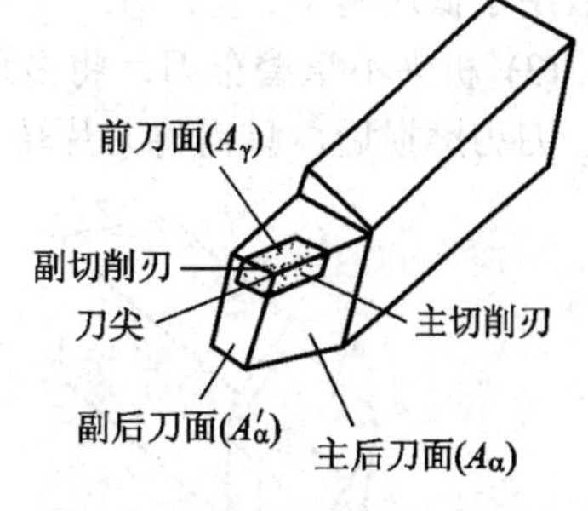

图 3-30 车刀切削部分的组成

车刀有刀头和刀体两部分组成。刀头用于切削，刀体用于安装。刀头一般由三面、两刃、一尖组成，如图 3-30 所示。

前刀面：切削流经过的表面。

主后刀面：与工件切削表面相对的表面。

副后刀面：与工件已加工表面相对的表面。

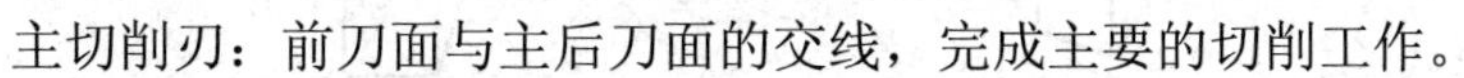

主切削刃：前刀面与主后刀面的交线，完成主要的切削工作。

副切削刃：前刀面与副后刀面的交线，完成少量的切削工作，起一定的修光作用。

刀尖：是主切削刃与副切削刃的相交部分，一般为一小段过渡圆弧。

3.5.3 车刀的类型及结构

车刀是一种单刃刀具，其种类很多，按用途可分为外圆车刀、端面车刀、镗刀、切断刀等，如图 3-31 所示。

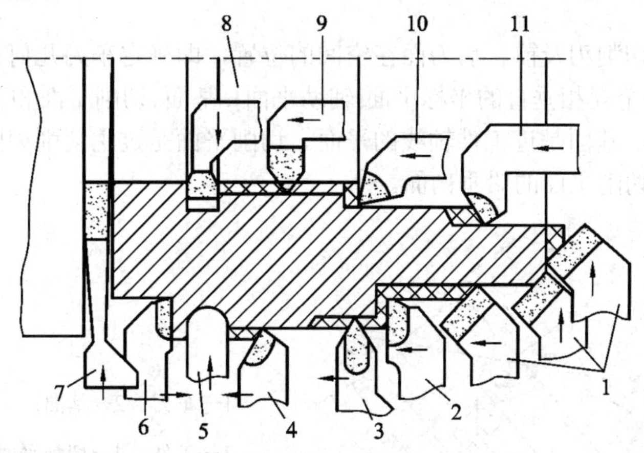

1—弯头外圆车刀；2—右偏刀；3—外螺纹车刀；4—直头外圆车刀；5—成型车刀；
6—左偏刀；7—切断刀；8—车槽镗刀；9—内螺纹车刀；10—不通孔镗刀；11—通孔镗刀

图 3-31 常用车刀的种类及用途

车刀按结构形式可分为以下三种，如图 3-32 所示。

(1) 焊接车刀。将硬质合金刀片焊接在刀头部位，不同种类的车刀可使用不同形状的刀片。焊接的硬质合金车刀，可用于高速切削。

(2) 整体车刀。刀头的切削部分是靠刃磨得到的。整体车刀的材料多用高速钢制成，

一般用于低速精车。

(3) 机夹不重磨车刀。将多边多刃的硬质合金刀片用机械夹固的方法紧固在刀体上。某一刀刃磨损后，只需将刀片转一个方向并予以紧固，即可重新使用。

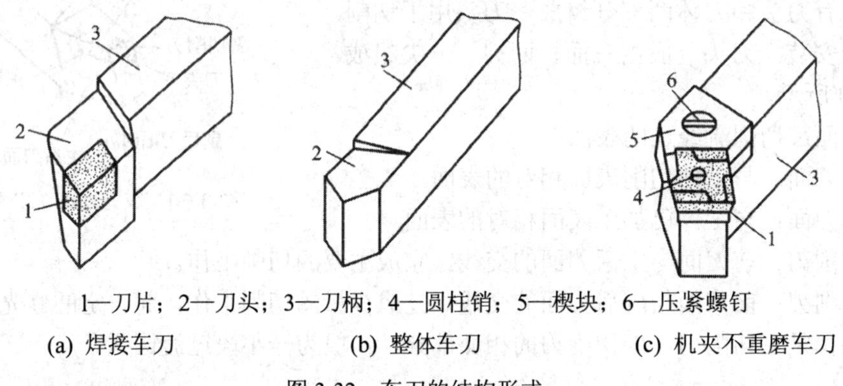

1—刀片；2—刀头；3—刀柄；4—圆柱销；5—楔块；6—压紧螺钉

(a) 焊接车刀　(b) 整体车刀　(c) 机夹不重磨车刀

图 3-32　车刀的结构形式

3.5.4　车刀的几何角度

1. 辅助平面

为了确定车刀切削刃及前、后刀面在空间的位置，即确定车刀几何角度，必须要建立如图 3-33 所示的三个互相垂直的坐标平面(辅助平面)：基面、切削平面和正交平面(主剖面)。车刀在静止状态下，基面是过工件轴线的平面。切削平面是过主切削刃的铅垂面。正交剖面是垂直于基面和切削平面的铅垂剖面。

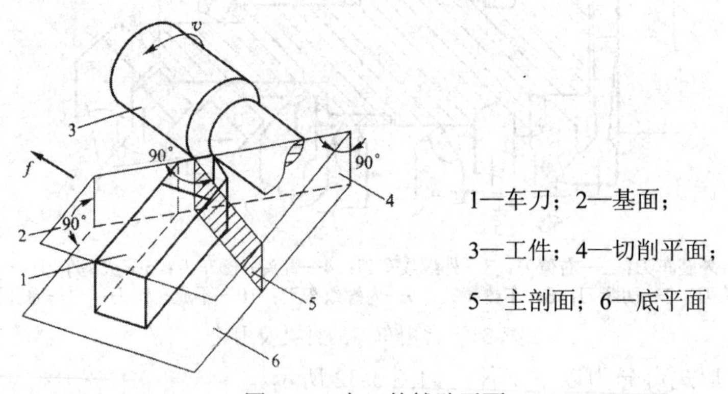

1—车刀；2—基面；
3—工件；4—切削平面；
5—主剖面；6—底平面

图 3-33　车刀的辅助平面

2. 车刀的几何角度及其作用

车刀切削部分在辅助平面中的位置，形成了车刀的几何角度(标注角度)。主要角度有

前角 γ_o、主后角 α_o、主偏角 κ_γ、副偏角 κ_γ'、刃倾角 λ_s等，如图 3-34 所示。

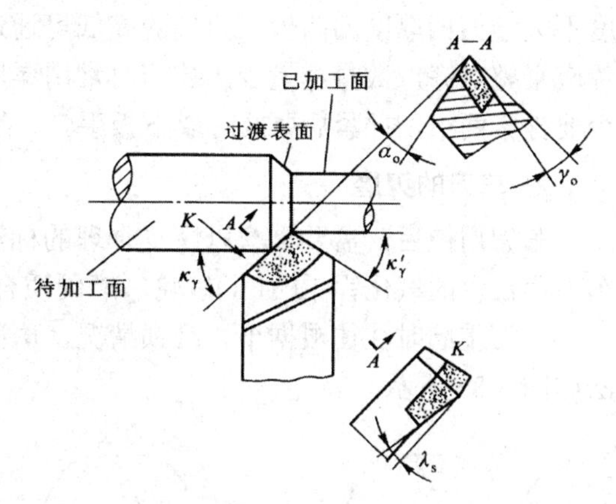

图 3-34　车刀的主要角度

(1) 前角 γ_o：在正交剖面内基面与前刀面之间的夹角。增大前角会使前刀面倾斜程度增加，切屑易流经前刀面，且变形较小、较省力。但前角也不能太大，否则会削弱刀刃的强度，容易崩坏。一般选取 $\gamma_o = -5° \sim 20°$。其大小取决于工件材料，刀具材料及粗、精加工等情况。工件材料和刀具材料愈硬，γ_o取值小；精加工时，γ_o取值大。

(2) 主后角 α_o：在主后刀面内切削平面(铅垂面)与主后刀面之间的夹角。其作用是减小车削时主后刀面与工件间的摩擦，降低切削时的振动，提高工件表面的加工质量。一般选取 $\alpha_o = 3° \sim 12°$。粗加工或切削较硬材料时取小值，精加工或切削较软材料时取大值。

(3) 主偏角 κ_γ：是进给方向与主切削刃在基面上投影之间的夹角。其作用是能改善切削条件和提高刀具寿命。减小主偏角，刀尖强度增加，散热条件改善，提高刀具使用寿命；但会使刀具对工件的径向力加大，使工件变形而影响加工质量，不宜车削细长轴类工件。通常，κ_γ选取 45°、60°、75°、90°几种。

(4) 副偏角 κ_γ'：是进给反方向与副切削刃在基面(水平面)上投影之间的夹角。其作用是减少切削刃与已加工表面间的摩擦，以提高工件表面质量。一般选取，$\kappa_\gamma' = 5° \sim 15°$。

(5) 刃倾角 λ_s：在切削平面内主切削刃与基面的夹角。其作用是控制切屑流出的方向。刀尖处于切削刃最低点，$\lambda_s < 0$，刀尖强度大，切屑流向已加工面，用于粗加工；刀尖处于最高点，$\lambda_s > 0$，刀尖强度削弱，切屑流向待加工面，用于精加工。一般取 $\lambda_s = -5° \sim +5°$。副切削刃上的前角、后角分别称为副前角 γ_o、副后角 α_o。

车刀各标注角度是通过磨削三个刀面而得到：磨前刀面——为了磨出车刀的前角 λ_o及刃倾角 λ_s；磨主后刀面——为了磨出主偏角 κ_γ及主后角 α_o；磨副后刀面——为了磨出副偏角 κ_γ'及副后角 α_o'磨刀尖圆弧——为了提高刀尖强度和散热条件，并为了减小加工面的粗糙度值，一般在刀尖处磨出半径为 0.2～0.3 mm 的刀尖圆弧。

3.5.5　车刀的安装与刃磨

1. 车刀的安装

安装车刀时，要求刀尖与车床主轴轴线等高，刀柄与车床主轴轴线垂直。刀柄伸出长

度不大于刀柄厚度的两倍。刀尖的高低可通过增减或调换刀柄下面的垫片来调整。调整垫片应平整对齐，数量尽量少。装刀时常用尾座顶尖的高度来对刀。夹紧车刀的紧固螺栓至少要拧紧两个，拧紧后要及时取下扳手。

2. 车刀的刃磨

车刀用钝后，需要重磨以恢复合理的标注角度。车刀一般在砂轮机上刃磨。磨高速钢车刀用白色的氧化铝(白刚玉)砂轮，磨硬质合金刀片用绿色的碳化硅砂轮。

车刀重磨时往往根据车刀磨损情况，磨削有关的刀面即可。车刀刃磨的一般步骤和方法如图 3-35 所示。

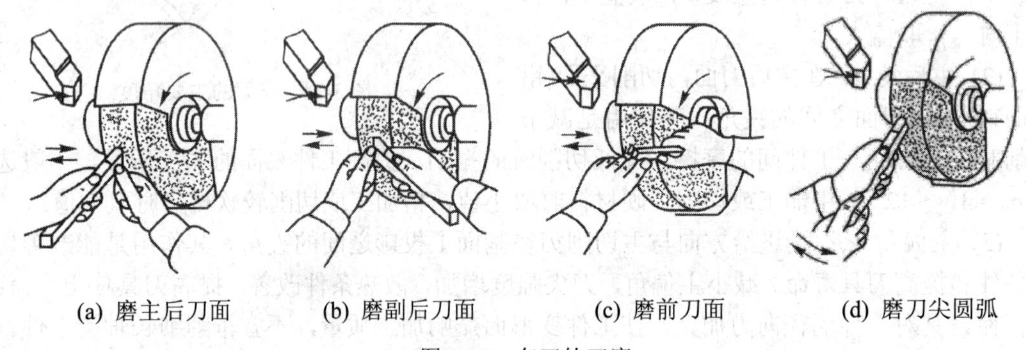

(a) 磨主后刀面　(b) 磨副后刀面　(c) 磨前刀面　(d) 磨刀尖圆弧

图 3-35　车刀的刃磨

启动砂轮机和刃磨车刀时，磨刀者必须站在砂轮侧面，以免砂轮万一破碎发生人身事故。刃磨时，双手拿稳车刀，用力均匀，防止车刀猛撞砂轮；车刀各部位倾斜的角度要合适；一般应在砂轮的周边上磨削，并需左右移动，使砂轮磨耗均匀，不出现沟槽。磨高速钢车刀，发热后应置于水中冷却，以免车刀升温过高而退火软化。磨硬质合金车刀时，发热后应将车刀柄置于水中冷却，避免刀片沾水急冷后而产生裂纹。

车刀刃磨后，还应用油石细磨各个刀面。这样，可有效地提高车刀的使用寿命和降低工件的表面粗糙度值。

3.6　车削的基本工序

3.6.1　车端面、钻中心孔

车端面是车削零件的首要工序。因为零件长度方向的所有尺寸都是以端面为基准进行度量的。端面车削方法如图 3-36 所示。

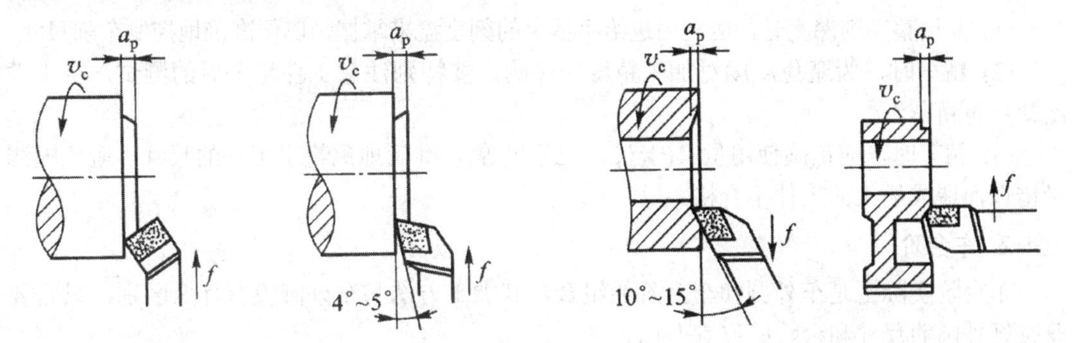

(a) 弯头刀车端面 (b) 右偏刀车端面(由外向中心) (c) 右偏刀车端面(由中心向外) (d)左偏刀车端面

图 3-36 车端面

车端面时，刀尖必须准确对准工件的旋转中心，以免车出的端面中心有凸台。车削较大端面时，为避免刀架作横向移动，应将纵溜板紧固在床身上，用小刀架调整背吃刀量。

若要采用顶尖安装工件，在车端面后应在工件两个端面上钻出中心孔。中心孔安装在尾座套筒内的钻夹头中，松开尾座紧固手柄，将尾座左移至钻头靠近工件端面，再将尾座固定，用手转动尾座上的手轮，使钻头缓慢地随套筒纵向移动钻入工件，达到要求的深度后，将手轮反转退出钻头。把工件调头后再加工另一端面的中心孔。

3.6.2 车外圆和台阶

1. 车外圆

将工件车成圆柱形表面的加工称为车外圆。是最常见、最基本的车削加工。图 3-37 所示为常见的几种车外圆实例。图 3-37(a)所示的车刀主要用于粗车没有台阶或台阶不大的外圆；图 3-37(b)所示的车刀即可车外圆也可车端面；图 3-37(c)所示的车刀可以加工有垂直台阶的外圆，由于车外圆时径向力很小，适合于精车或细长轴的加工。

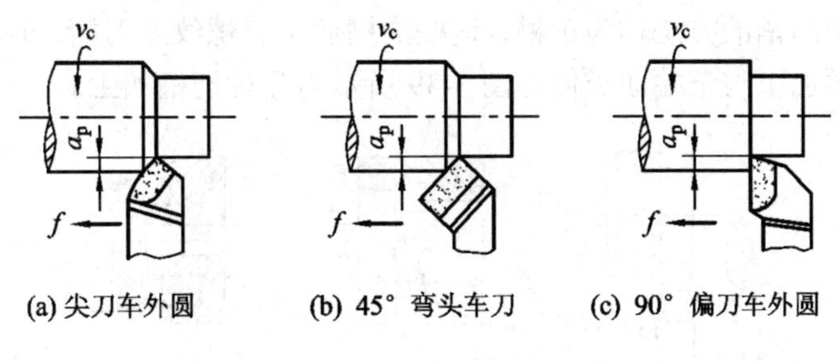

(a) 尖刀车外圆 (b) 45° 弯头车刀 (c) 90° 偏刀车外圆

图 3-37 车外圆

车外圆操作时注意以下几点：

(1) 在调整切削深度时，应利用进给手柄上的刻度盘来掌握，以便准确地控制车削尺寸。

(2) 精车时，为避免温度对加工精度的影响，要特别注意工件粗车后的测试，待工件冷却后再精车。

(3) 精车时，应正确使用量具(卡尺、千分尺等)，准确地测量出工件的尺寸，避免因测量错误而造成加工的工件不合格。

2. 车台阶

车台阶实际上是车外圆和车台阶的组合，其加工方法与车外圆没有什么区别，只是要兼顾好外圆的尺寸和台阶的位置而已。

高度小于 5 mm 的低台阶，可参照图 3-38 选用合适的车刀一次车出。大于 5 mm 的高台阶，则应分层纵向切削，在外圆直径车到位后，用偏刀沿横向将台阶面由内向外精车一次，如图 3-38(b)所示。

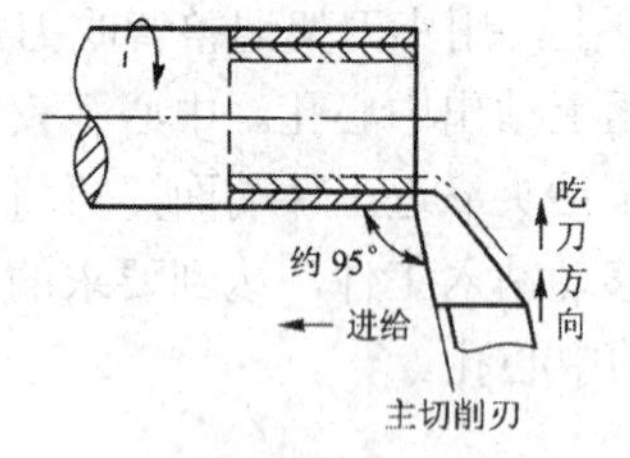

(a) 偏刀主切削刃和工件轴线约成 95°

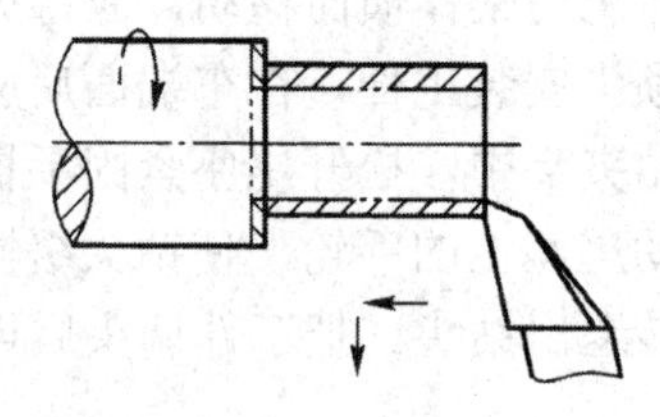

(b) 在末次纵向进给后，车刀横向退出，车出 90º 台阶

图 3-38　车高台阶的方法

3.6.3　切槽和切断

1. 切槽

1) *切槽方法*

在工件上车削沟槽的方法称为车槽，这些沟槽通常有螺纹退刀槽、砂轮越程槽、油槽、密封圈槽等。切槽加工与车端面类似。图 3-39 所示为几种切槽加工。

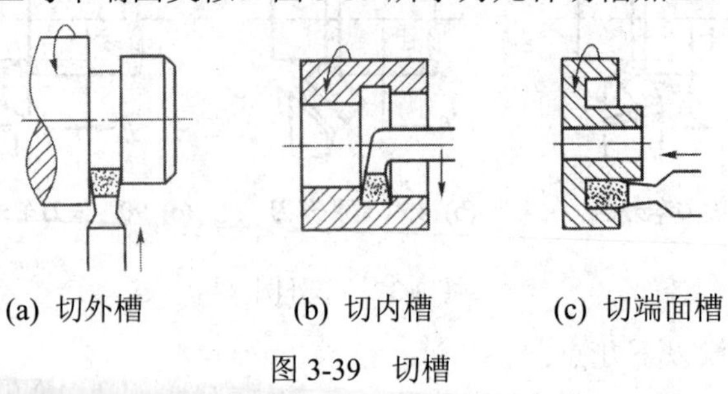

(a) 切外槽　　(b) 切内槽　　(c) 切端面槽

图 3-39　切槽

2) 切槽操作注意事项

切槽加工时应注意以下几点：

(1) 切窄槽(宽度小于 5 mm)时，应用与槽同宽的切槽刀一次切出。

(2) 切宽槽时，应先沿纵向分段粗车，再精车，车出槽宽与槽深。

(3) 当工件上有几个同一类型的槽时，槽宽应一致，便于用同一把刀切削。

2. 切断

1) 切断方法

切断是指将坯料(或工件)从夹持端上分离下来的过程。图 3-40 所示为几种切断方法。

(1) 直进法切断工件：是指垂直于工件轴线方向切断，这种切断方法的切断效率高，但对刀具刃磨及装夹有较高的要求，否则容易造成切断刀的折断。

(2) 左右借刀法切断工件：是指切断刀径向进给的同时，在轴线方向多次往返移动直至工件切断，在切削系统(刀具、工件、车床)刚性不足的情况下可采用这种方法切断工件。

(3) 反切法切断工件：是指工件反转，车刀反装进行切断的方法。这种切断法适用于较大直径工件的加工。

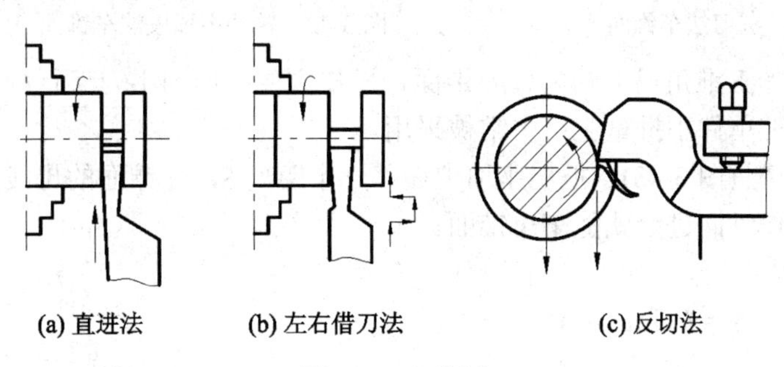

(a) 直进法　(b) 左右借刀法　(c) 反切法

图 3-40　切断法

2) 切断操作注意事项

切断操作时应注意以下几点：

(1) 安装切断刀时，刀尖一定要对准工件中心。否则切断处将留有凸台，也容易损坏刀具。

(2) 合理选择切削用量。切削速度要低，采用缓慢均匀的手动进给，以免刀具折断。

(3) 尽量减少刀架各滑动部分的间隙，提高刀架刚性。

(4) 切断时要进行冷却润滑。

3.6.4 车削锥面

将工件车成锥体的方法称为车锥面。常用的方法有以下四种：

(1) 宽刀法(图 3-41)。此方法要求主切削刃平直，其长度应略大于待加工锥面的长度。主切削刃与工件轴线的夹角应等于锥体的半锥角 α。为避免加工时产生振动，车床和工件应具有较好的刚性。此方法适用于批量生产中加工较短的锥面。

(2) 转动小拖板法(图 3-42)。松开固定小拖板的螺母，把小拖板绕转盘转动一个被切锥体的半锥角 α，然后把螺母紧固，摇动小刀架的手柄，车刀即沿锥面的母线移动，从而加工出所需的锥面。

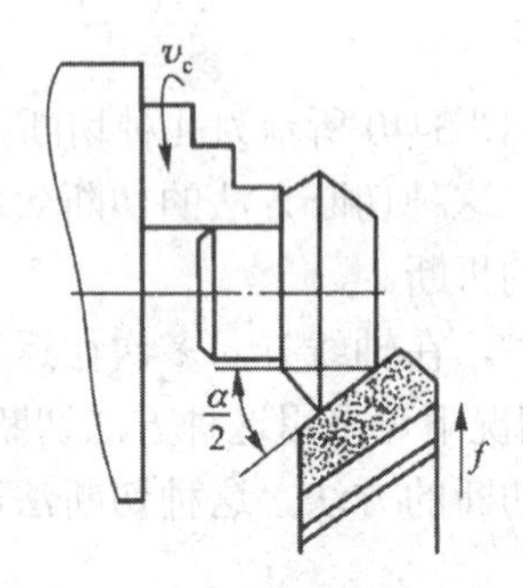

图 3-41　宽刀法车锥面

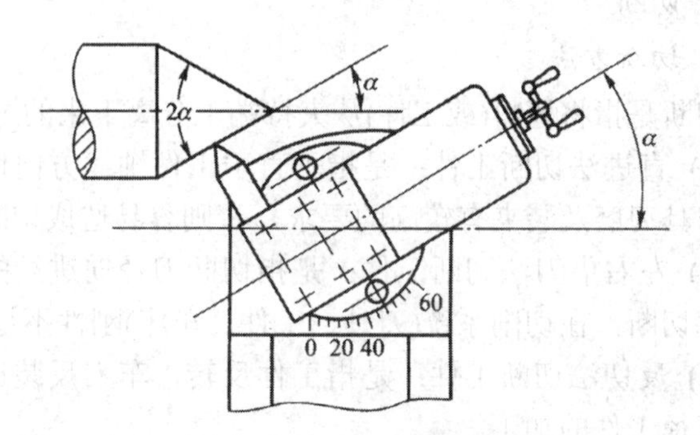

图 3-42　转动小拖板法车锥面

这种方法可加工锥角很大的内、外锥面，操作方便，但因小刀架行程有限，不能加工太长的锥面。它在单件小批量生产中常被采用。

(3) 偏置尾座法(图 3-43)。把尾座顶尖偏移一个距离 S，使锥面的母线平行于车刀纵向进给方向，车刀作纵向进给就能车出锥面。

尾座偏移量 S：

$$S = L\sin\alpha$$

当 α 很小时：

$$S = L\tan\alpha = L\frac{D-d}{2l}$$

式中：L——前后顶尖的距离，mm；

l——圆锥长度，mm；

D——圆锥大端直径，mm；

d——圆锥小端直径，mm。

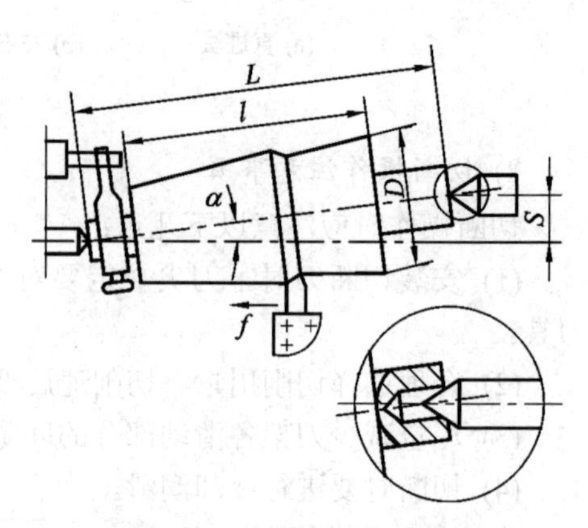

图 3-43　偏置尾座法车锥面

这种方法适合加工半锥角较小($\alpha < 8°$)、锥面较长的外锥面，并能采用自动进给。为使顶尖在中心孔中接触良好并受力均匀，应采用球形顶尖(如图 3-43 中放大部分所示)。

(4) 靠模法。在大批量生产中小锥度($\alpha < 12°$)的内、外长锥面，还可采用靠模法进行加

工。靠模法车锥面与靠模法车成型面的原理和方法类似，只要将成型面靠模改为斜面靠模即可，如图3-44所示。

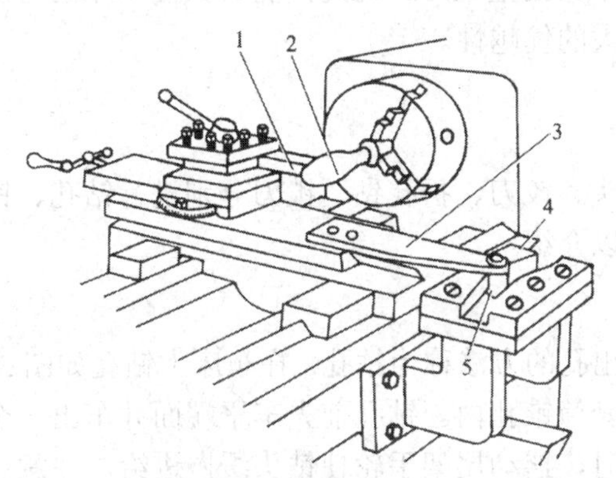

1—车刀；2—成型面；3—拉杆；4—靠模；5—滚柱

图3-44　用靠模法车成型面

圆锥的角度可以用锥形套规或塞规测量，也可以用万能游标量角器测量。

3.6.5　车成型面

表面轴向剖面呈现曲线形特征的零件称为成型面。对这种曲面的回转体零件的加工称之为成型面加工，常用的车削方法有：

(1) 双手控制法。此方法用圆弧刃车刀，双手同时转动横向进给手柄和小刀架手柄，使刀尖运动的轨迹与回转成型面的母线尽量相符，如图3-45所示。这种加工方法简单方便，但生产率低、精度低，多用于单件小批量生产。

(2) 用成型车刀车成型面(图3-46)。用切削刃形状与工件表面相吻合的成型刀，通过横向进给直接车出成型面。这种方法多用于大批量生产。

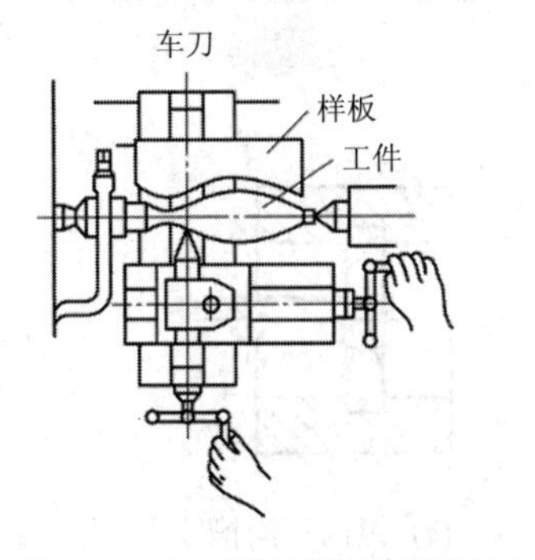

图3-45　双手控制法车成型面

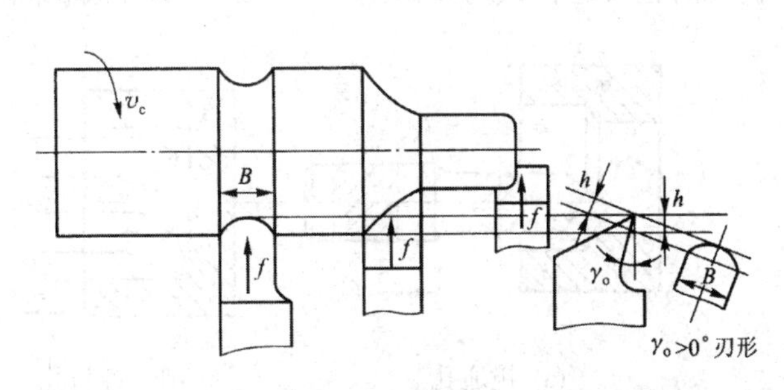

图3-46　成型刀法车成型面

(3) 用靠模法车成型面(图 3-44)。这种方法生产率高，工件的互换性好，但制造靠模增加了成本。此法主要用于大批量生产。此外，随着数控车床的普及应用，用数控车床车削各种成型面将显示出更大的优越性。

3.6.6　车床上加工孔

在车床上可以用钻头、铰刀、扩孔钻、镗刀分别进行钻孔、铰孔、扩孔和镗孔。下面仅以钻孔和镗孔为例加以介绍。

1. 钻孔

利用钻头将工件钻出孔的方法称为钻孔。在车床上钻孔如图 3-47 所示，工件装夹在卡盘上，钻头安装在尾架套筒锥孔内。钻孔前先车平端面并车出一个中心坑或先用中心钻钻中心孔作为引导。钻孔时，摇动尾架手轮使钻头缓慢进给，注意要经常退出钻头排屑。钻孔时进给不能过猛，以免折断钻头。钻钢料时应加切削液。

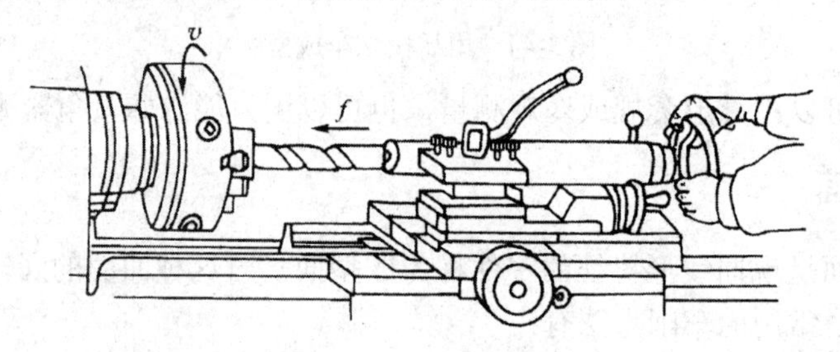

图 3-47　在车床上钻孔

2. 镗孔

在车床上用镗刀对已经铸造、锻造出或钻出的孔进一步加工，以扩大孔径的方法称为镗孔(又称为车孔)。在车床上可以镗通孔、盲孔、台阶孔及孔内环沟槽等(图 3-48)。镗孔可分为粗镗、半粗镗和精镗。镗通孔基本上与车外圆相同，只是进刀和退刀方向相反。粗镗和精镗内孔时也要进行试切和试测，其方法与车外圆相同。

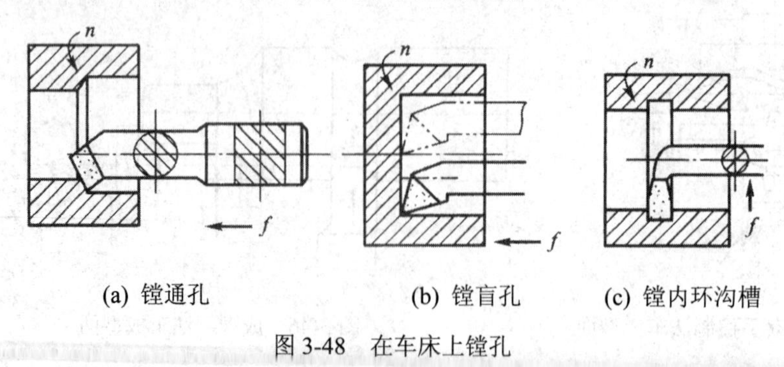

(a) 镗通孔　　(b) 镗盲孔　　(c) 镗内环沟槽

图 3-48　在车床上镗孔

3.6.7 车螺纹(车床上加工)

将工件表面车削成螺纹的加工方法称为车螺纹。

1. 螺纹概述

螺纹的种类很多，应用很广。按牙形分类有三角螺纹、方形(矩形)螺纹、梯形螺纹等(图 3-49)。三角螺纹作连接和紧固之用，方形螺纹和梯形螺纹作传动之用。各种螺纹又有右旋和左旋之分及单线和多线螺纹之分。按螺距大小又可以分为米制、英制和模数制、径节制螺纹。其中，以单线、右旋的米制三角螺纹(普通螺纹)应用最为广泛。

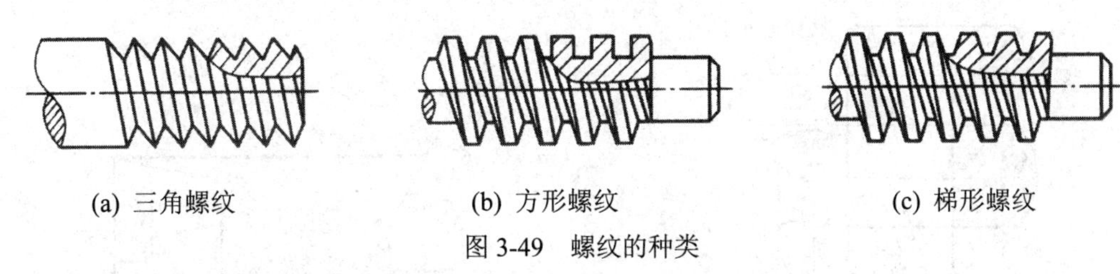

图 3-49 螺纹的种类

普通螺纹各部分的名称及代号如图 3-50 所示。相配合的螺纹除了旋向与线数需一致外，螺纹的配合质量主要取决于下列三个基本要素的精度：

(1) 牙型角 α：它是螺纹轴向剖面内相邻两牙侧面之间的夹角。普通螺纹的牙型角 $\alpha = 60°$。

(2) 螺距 P：它是沿轴线方向上相邻两牙对应点的距离。普通螺纹的螺距用 mm 表示。

(3) 螺纹中径 $D_2(d_2)$：它是平分螺纹理论高度的一个假想圆柱体的直径。在中径处螺纹的牙厚和槽宽相等。只有内、外螺纹中径相等时，两者才能很好地配合。

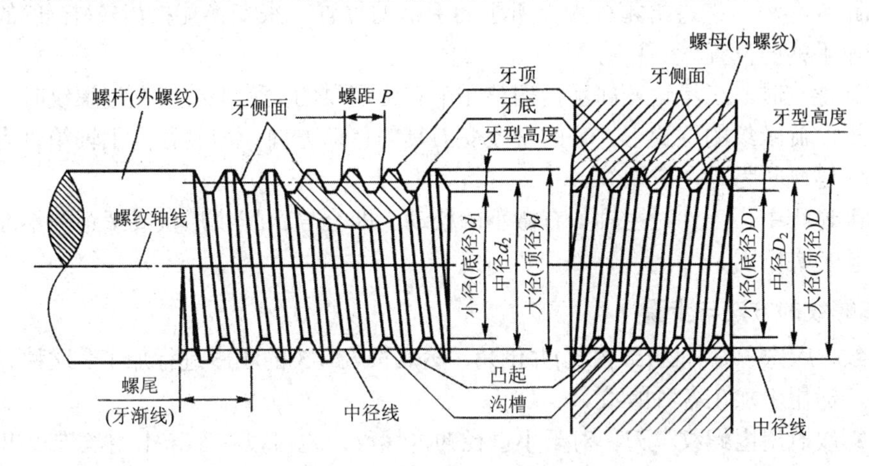

图 3-50 普通螺纹各部分的名称及代号

2. 螺纹的车削加工

1) 传动原理

车削螺纹时，为了获得准确的螺纹，必须用丝杠带动刀架进给，使工件每转一周，车刀准确移动一个螺距(单线螺纹)或导程(多线螺纹，导程 = 螺距 × 线数)。

2) 螺纹车刀及安装

牙型角 α 的大小取决于车刀的刃磨和安装。螺纹车刀的刀尖应等于螺纹牙型角 α。车刀的前角 $\gamma_o = 0°$ (图 3-51)。安装螺纹车刀时，刀尖必须与工件旋转中心等高；刀尖的平分线必须与工件的轴线垂直。因此，要用样板对刀(图 3-52)。

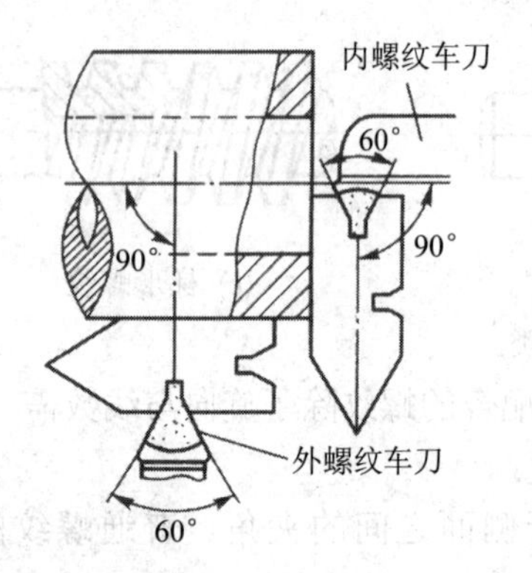

图 3-51　螺纹车刀的几何角度

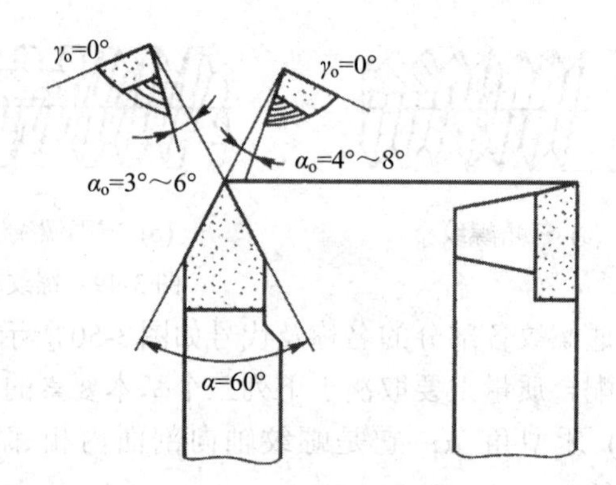

图 3-52　内、外螺纹车刀的对刀方法

3) 机床的调整及安装

螺距的大小由机床传动系统来保证。调整机床时，首先通过手柄把丝杠接通，再根据工件的螺距或导程，按进给箱标牌上所示的手柄的位置，来变换配换齿轮(挂轮)的齿数及各进给变速手柄的位置。

车右旋螺纹时，三星轮变向手柄调整在车右旋螺纹的位置上；车左旋螺纹时，变向手柄调整在车左旋螺纹的位置上。目的是改变刀具的移动方向。刀具移向主轴箱时为车右旋螺纹，移向尾座时为车左旋螺纹。

在车削过程中，工件对主轴如有微小的松动，即会导致螺纹形状或螺距的不准确，因此工件必须装夹牢固。

3. 车螺纹的方法与步骤

车螺纹，应先车好外圆(或内孔)并倒角，然后按表 3-3 的顺序进行加工。这种方法称为正反车法，适用于加工各种螺纹。

车内螺纹时用内螺纹车刀。对于小直径的内螺纹，也可以在车床上用丝锥攻出螺纹。

车左旋螺纹时，只需调整换向机构，使主轴正转，丝杠反转，车刀从左向右切削。

车多线螺纹时，每一条螺纹槽的车削方法与车单线螺纹完全相同。只是在计算挂轮和调整进给箱手柄时，不是按螺距，而是按导程进行调整的。

表 3-3　车外螺纹的操作过程

序号	操作步骤	示意图	序号	操作步骤	示意图
1	开车，使车刀和工件轻微接触，记下刻度盘读数，向右移出车刀	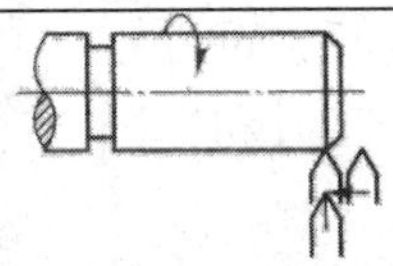	4	利用刻度盘调整背吃刀量，开车切削，车钢料时，加机油润滑	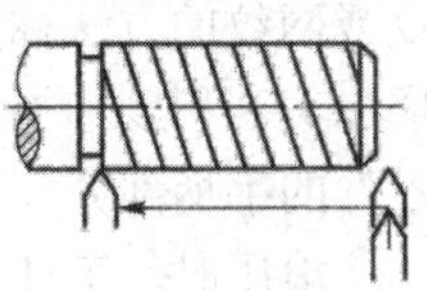
2	合上开合螺母，在工件表面上车出一条螺纹线，横向退出车刀，停车	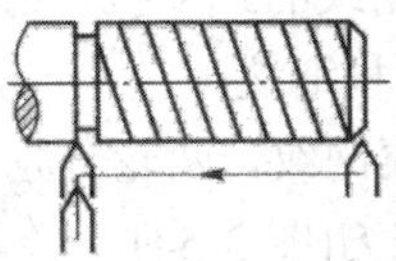	5	车刀将至行程终了时，应做好退刀停车准备，先快速退出车刀，然后停车，开反车退回刀架	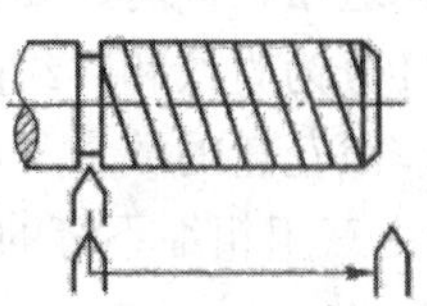
3	开反车使车刀退到工件右端，停车，用钢直尺检查螺距是否正确	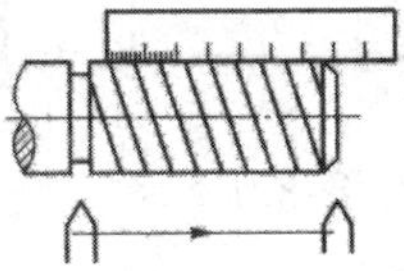	6	再次横向进给，继续切削，其切削过程的路线如右图所示	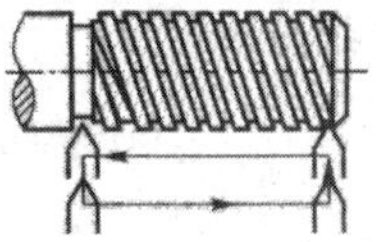

4. 三角螺纹的测量

检验三角螺纹的常用量具是螺纹量规。螺纹量规是综合性检验量具，分为塞规和环规两种。塞规检验内螺纹，环规检验外螺纹，并由通规、止规两件组成一副。螺纹工件只有在通规可通过、止规通不过的情况下为合格品，否则为不合格品。

螺纹的螺距可用钢尺测量，牙型角可用样板测量，也可用螺距规同时测量螺距和牙型角。螺纹中径常用螺纹千分尺测量。大批量生产时，多用螺纹量规进行综合测量。

5. 注意事项

(1) 车螺纹前要检查组装交换齿轮的间隙是否适当；将变速手柄放在空挡位置，用手旋转主轴(正、反)是否有过重或空转量过大现象。

(2) 车螺纹时，开合螺母必须闸到位，若感到未闸好，应立即起闸重新进行。

(3) 车无退刀槽螺纹时，应特别注意螺纹的收尾要在1/2圈左右。要达到这个要求，必须先退刀后起开合螺母，且每次退刀要均匀一致，否则会撞坏刀尖。

(4) 车螺纹应始终保持刀刃锋利，如中途换刀或磨刀后必须对刀，以防破牙，并重新调整中滑板的刻度。

(5) 粗车螺纹时，要留适当的精车余量。

3.6.8 滚花

在车床上用滚花刀挤压工件，将工件表面滚压成直纹或网纹的方法称为滚花(图 3-53)。工件经滚花后，可增加美观程度和加大摩擦力，便于把持，常用于工具和零件的手柄部分。

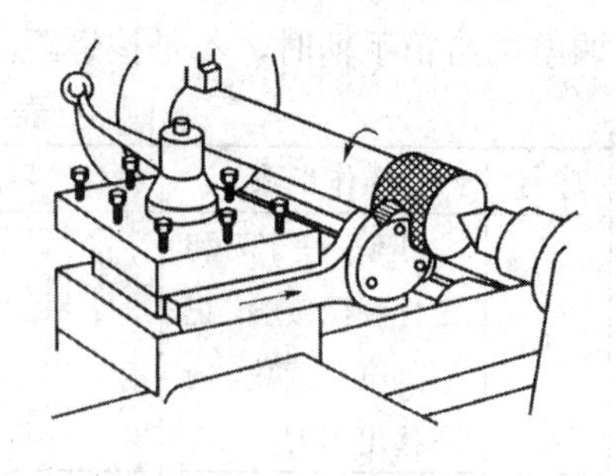

图 3-53　滚花方法

滚压时，工件低速旋转，滚压刀径向挤压后再作纵向进给，同时还要充分供给切削液。滚花刀按花纹的式样分为直纹和网纹两种，每种又分为粗纹、中纹和细纹。按滚花轮的数量又可分为单轮(滚直纹)、双轮(滚网纹，两轮分别为左旋和右旋斜纹)和六轮(由三组粗细不等的斜纹轮组成，以备选用)滚花刀(图 3-54)。

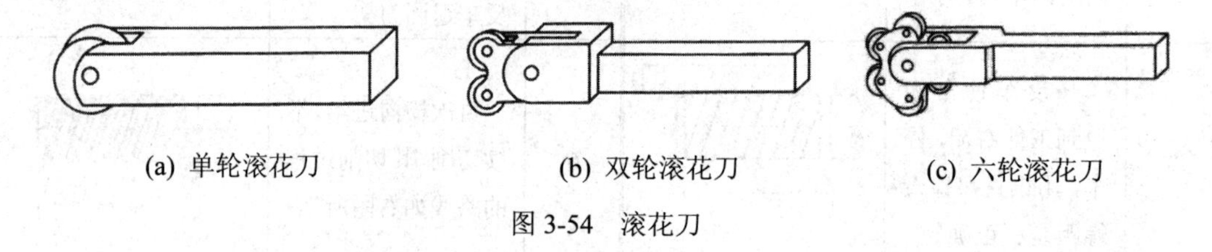

(a) 单轮滚花刀　(b) 双轮滚花刀　(c) 六轮滚花刀

图 3-54　滚花刀

3.7 典型零件的车削加工

车削零件通常由外圆、孔和端面等组成，这些表面往往不能同时加工出来。因此，要合理安排各表面加工的先后顺序，按照一定的工艺过程进行加工。

1. 拉伸试件加工工艺

图 3-55 所示是材料力学实验用的拉伸试件。在单件小批生产时，其加工工艺过程如表 3-4 所示。

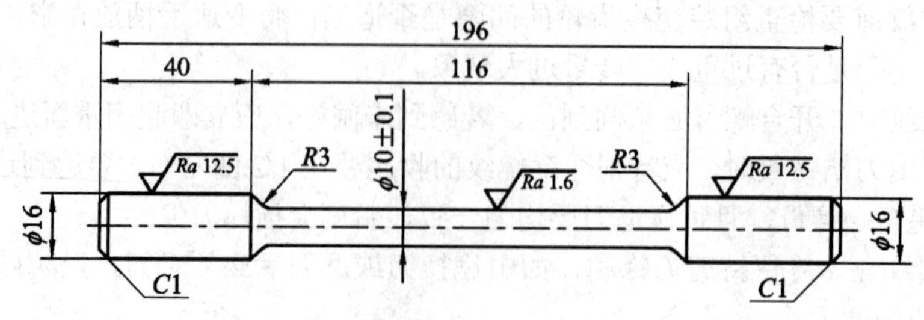

图 3-55　拉伸试件

表 3-4　拉伸试件车削加工工艺

工序	加工内容	简　图	定位	夹具	刀具	量具
1	① 车端面，倒角； ② 钻中心孔	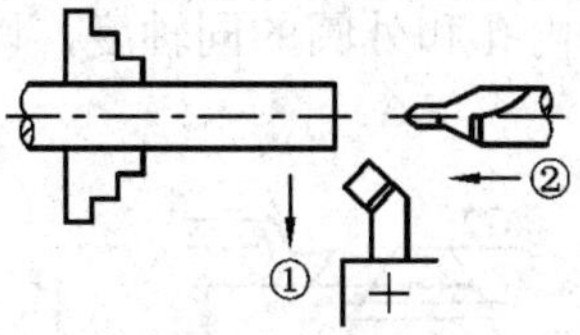	外圆表面	三爪卡盘	弯头粗车刀	
2	① 调头定长196车端面，倒角； ② 钻中心孔	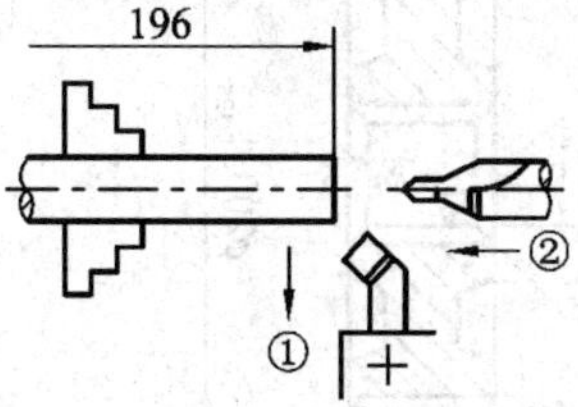	外圆表面	三爪卡盘	弯头粗车刀	钢尺
3	① 粗车外圆$\phi16$； ② 倒角	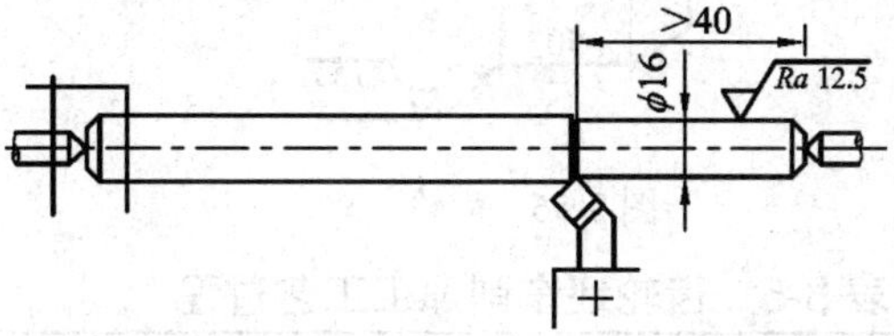	中心孔	顶尖、拨盘	弯头粗车刀	钢尺、游标卡尺
4	① 调头粗车另端$\phi16$； ② 倒角	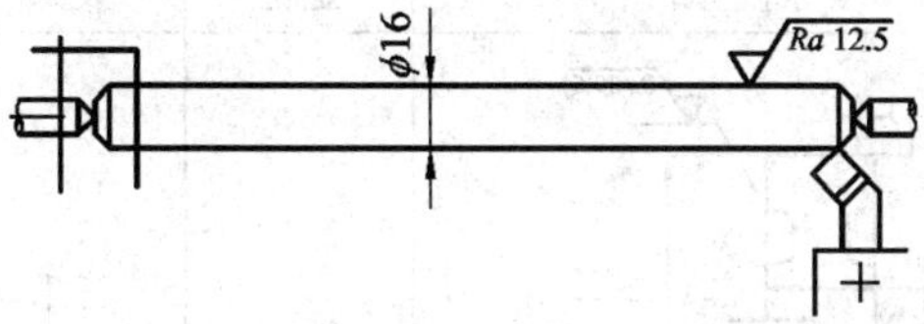	中心孔	顶尖、拨盘	弯头粗车刀	钢尺、游标卡尺
5	① 定长度116； ② 粗车中间部分，$R3$处留余量	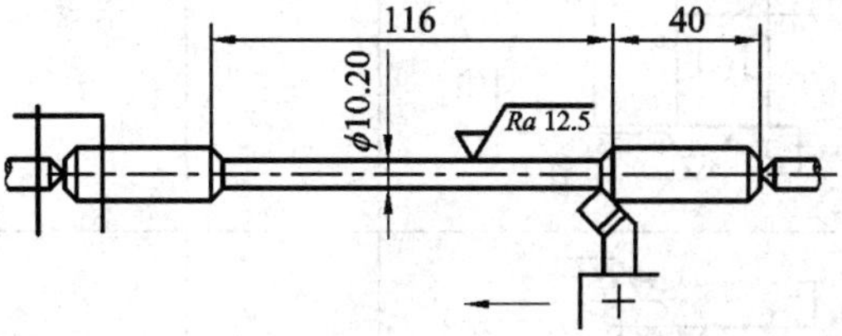	中心孔	顶尖、拨盘	弯头粗车刀	钢尺、游标卡尺
6	① 粗车及精车$R3$； ② 精车或磨$\phi10$	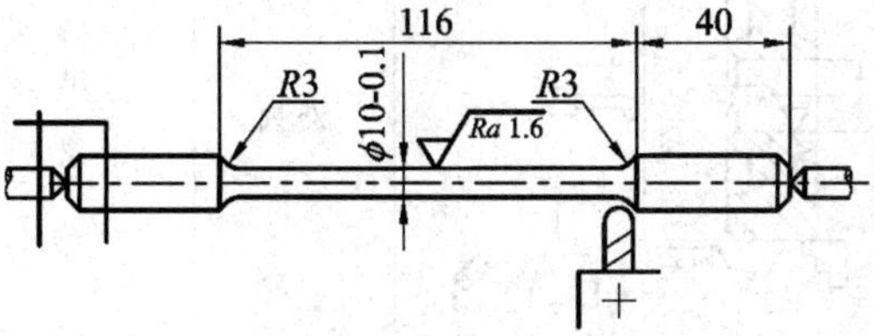	中心孔	顶尖、拨盘		

2. 齿轮坯的加工工艺

齿轮(图 3-56)在单件小批生产时，除了加工齿形和键槽外，齿轮坯都在卧式车床上进行加工。

制定加工工艺时，应保证齿轮的内孔和外圆的同轴度，以及与一个端面的垂直度。其加工工艺过程如表 3-5 所示。

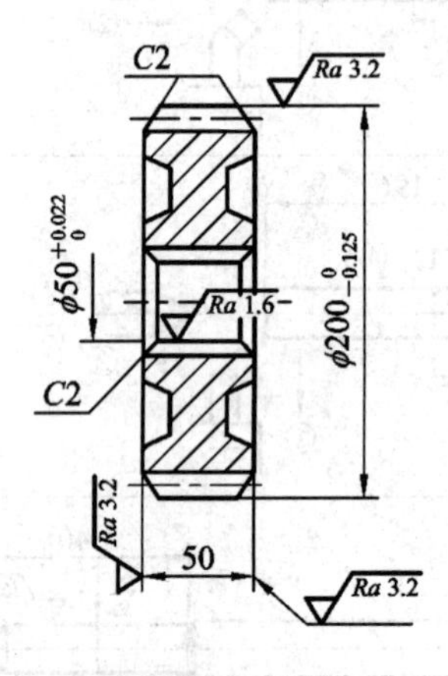

图 3-56　齿轮

表 3-5　齿轮坯车削加工工艺过程

工序	加工内容	简　图	定位	夹具	刀具	量具
1	① 粗车外圆、端面，倒角； ② 粗镗内孔至 Φ49	Ra 12.5 φ49　Ra 12.5　φ202 ③ ① ② Ra 12.5	外圆	三爪卡盘	弯头车刀、粗镗孔刀	游标卡尺
2	① 精车外圆、端面及倒角； ② 精镗内孔及倒角	Ra 3.2 φ50+0.025 0　Ra 1.6　φ200 0 −0.145 ③ Ra 3.2 ① ② ④	外圆	三爪卡盘	尖头精车刀、端面精车刀、弯头粗车刀、精镗孔刀	游标卡尺

续表

工序	加工内容	简图	定位	夹具	刀具	量具
3	① 调头粗车； ② 精车端面及倒角		外圆(已加工端面紧贴卡爪)	三爪卡盘(外圆卡爪处垫铜皮)	弯头粗车刀、端面精车刀	游标卡尺

3.8 车削实习报告相关内容

一、实习准备部分(预习本章内容，简要回答以下问题)

问题1：简述普通卧式车床的组成，并说明各组成部分的功用。

问题2：车床常用的附件有哪些？简述这些附件的功用。

问题3：以外圆车刀为例分析车刀的组成及几何角度。

问题4：以拉伸式样为对象，说明其车削加工要点。

二、现场实习部分(根据实习要求，以实习模块为单位，详细记录每一模块的实习目的和要求、实习所用设备及工具、实习内容等)

实习模块1：车床概述及空车训练。

实习模块2：台阶轴(拉伸式样)加工训练。

实习模块3：常用车床附件，孔加工训练。

第4章　铣 削 加 工

4.1　概　　述

铣削加工是在铣床上利用铣刀的旋转(主运动)和工件的移动(进给运动)来加工工件的。铣削加工的范围比较广泛，可加工平面(水平面、垂直面、台阶面、斜面)、沟槽(包括键槽、直槽、角度槽、燕尾槽、T形槽、V形槽、圆弧槽、螺旋槽)和凸、凹圆弧面、凸轮轮廓等成型面。此外，它还可进行孔加工(钻孔、扩孔、铰孔、镗孔)和齿轮、花键等有分度要求的零件加工。图4-1所示为铣削加工的主要工作。铣削加工的尺寸公差等级一般可达IT9～IT8，表面粗糙度 *Ra* 为6.3～3.2 μm。

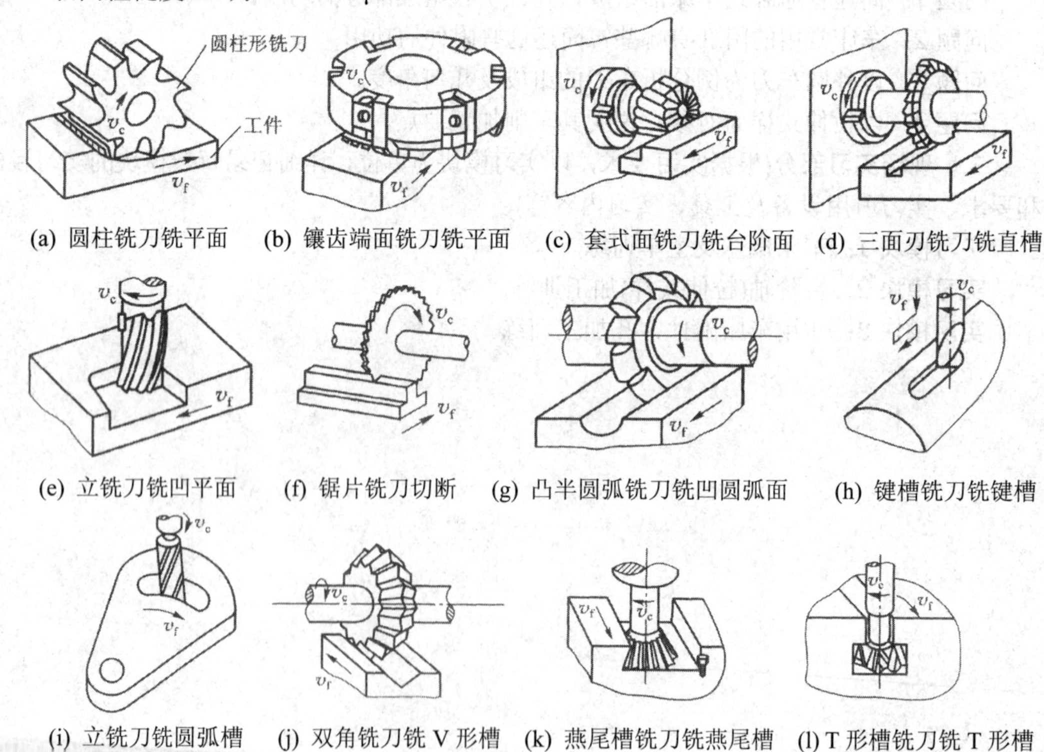

(a) 圆柱铣刀铣平面　(b) 镶齿端面铣刀铣平面　(c) 套式面铣刀铣台阶面　(d) 三面刃铣刀铣直槽

(e) 立铣刀铣凹平面　(f) 锯片铣刀切断　(g) 凸半圆弧铣刀铣凹圆弧面　(h) 键槽铣刀铣键槽

(i) 立铣刀铣圆弧槽　(j) 双角铣刀铣V形槽　(k) 燕尾槽铣刀铣燕尾槽　(l) T形槽铣刀铣T形槽

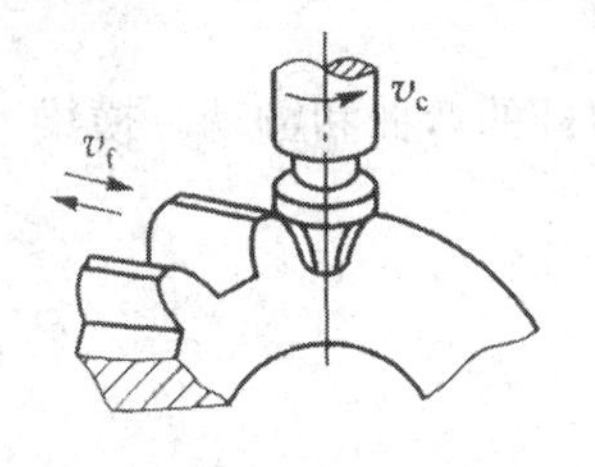

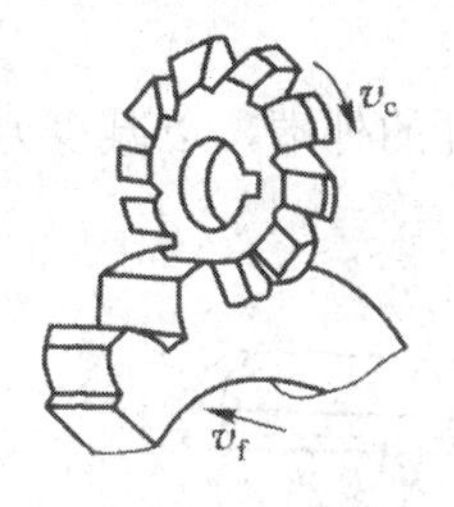

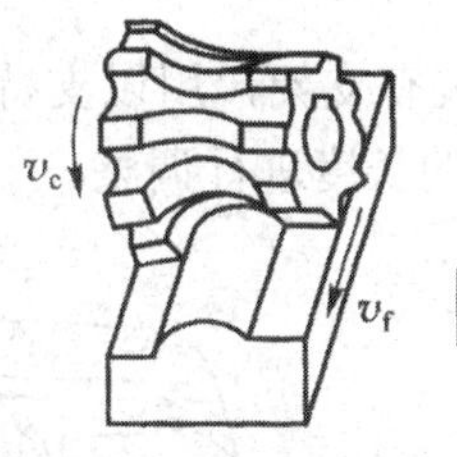

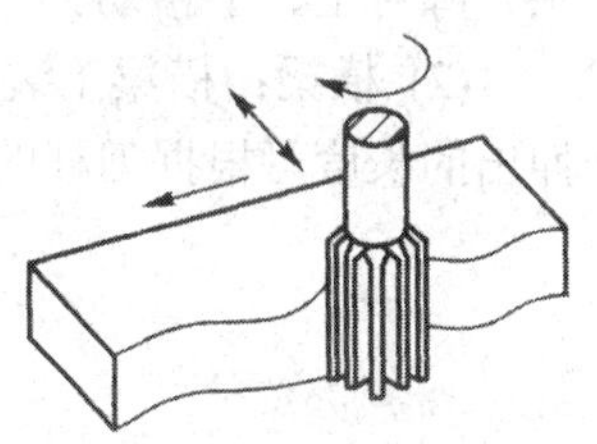

(m) 指状齿轮铣刀铣齿轮　(n) 盘状齿轮铣刀　(o) 凹圆弧铣刀铣凸圆弧　(p) 立铣刀铣成型面

图 4-1　铣削加工

铣削加工具有以下特点：

(1) 由于铣削的主运动是铣刀旋转，铣刀又是多齿刀具，故铣削的生产率较高，刀具的耐用度也较高。

(2) 铣床及其附件的通用性广，铣刀的种类很多，铣削的工艺灵活，因此铣削的加工范围较广。

总之，无论是单件小批量生产，还是大批量生产，铣削都是非常适用的、经济的、多样的加工方法，因此它在切削加工中得到了较为广泛的应用。

4.2　铣床与铣刀

4.2.1　铣床

在切削加工中，铣床的工作量仅次于车床。铣削加工可以在卧式铣床、立式铣床、数控铣床、工具铣床、龙门铣床以及各种专用铣床上进行。生产中以卧式铣床和立式铣床最为常见。

1. 卧式铣床

卧式铣床又分为普通卧式铣床和万能卧式铣床，其中万能卧式铣床应用最广。万能卧式铣床主要由床身、横梁、主轴、工作台、转台、横向溜板、升降台等部分组成。图 4-2 所示为 X6132 万能卧式铣床，编号中字母和数字的含义是：X 表示铣床类，6 表示卧式，1 表示万能升降台铣床，32 表示工作台宽度的 1/10，即工作台的宽度为 320 mm。

立式铣床主轴的轴心线与工作台的台面相垂直，但立铣头可以转动一定角度，以适应斜面的加工。其主要特点是刚性好，可采用较大的切削用量，生产效率高。

X6132 铣床组成部分的名称和作用如下：

(1) 床身：床身用来支承和固定铣床上所有的部件。内装有主轴、主轴变速箱、电气设备及润滑油泵等部件。顶面上有供横梁移动用的水平导轨，前壁有燕尾形的垂直导轨，

供升降台上、下移动。

(2) 横梁：横梁上装有支架，用以支持刀杆的外端，以减少刀杆的弯曲和颤动。横梁伸出的长度可根据刀杆的长度进行调整。

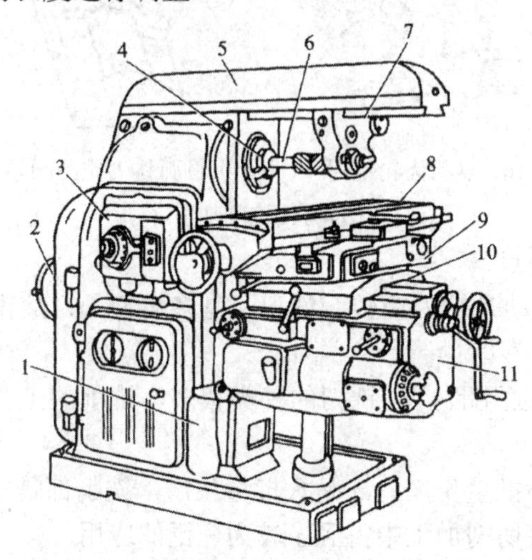

1—床身；2—电动机；3—主轴变速机构；4—主轴；5—横梁；6—刀杆；
7—吊架；8—纵向工作台；9—转台；10—横向工作台；11—升降台

图 4-2　X6132 万能卧式铣床

(3) 主轴：主轴用来安装刀杆并带动铣刀旋转。主轴做成空心的，前端有锥孔，以便安装刀杆锥柄。

(4) 升降台：位于工作台、转台、横向溜板的下面，并带动它们沿床身垂直导轨移动，以调整台面到铣刀的距离。升降台内部装有进给电机及传动系统。

(5) 横溜板：用以带动工作台沿升降台水平导轨作横向运动，在对刀时及时调整工件与铣刀的横向位置。同时还允许工作台在水平面内转动±45°，便于铣削螺旋槽、轴向凸轮槽等。

(6) 工作台：用来安装工件和夹具，台面上有三条工形直槽，槽内放进螺栓就可以紧固工件和夹具。工作台的下部有一根传动丝杠，通过它使工作台带动工件作纵向进给运动。

2. 立式升降台铣床

立式升降台铣床简称立式铣床，如图 4-3 所示。立式铣床和卧式铣床的主要区别是立式铣床的主轴与工作台台面相垂直。有时根据加工的需要，可以将立铣头(包括主轴)左右扳转一定的角度，以便加工斜面等。立式铣床由于操作时观察、检查和调整铣刀位置等都很方便，又便于装夹硬质合金面铣刀进行高速铣削，生产率较高，故应用也很广泛。

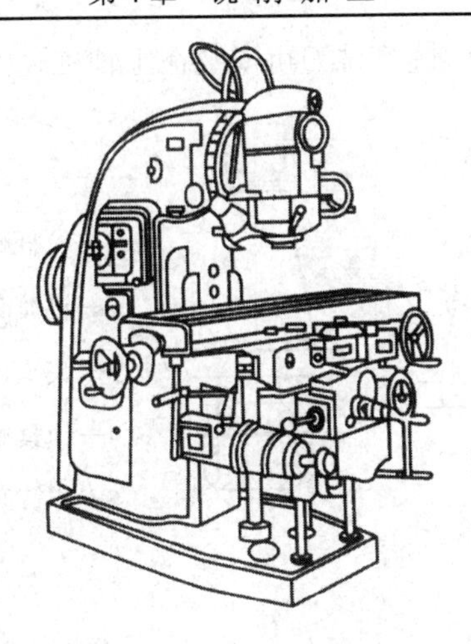

图 4-3 立式升降台铣床

4.2.2 铣刀及铣刀的安装

铣刀按结构可分为整体式和镶齿式(见图 4-1)。镶齿式铣刀的刀片多为硬质合金刀片，其切削用量大，效率高。常用铣刀有：圆柱形铣刀(图 4-1(a))、镶齿端面铣刀(图 4-1(b))、套式面铣刀(图 4-1(c))、三面刃铣刀(图 4-1(d))、立铣刀(图 4-1(e)、(i)、(p))、锯片铣刀(图 4-1(f))、凸圆弧铣刀(图 4-1(g))、键槽铣刀(图 4-1(h))、双角铣刀(图 4-1(j))、燕尾槽铣刀(图 4-1(k))、T 形槽铣刀(图 4-1(l))、指状齿轮铣刀(图 4-1(m))、盘状齿轮铣刀(图 4-1(n))、凹圆弧铣刀(图 4-1(o))等。

盘形带孔铣刀安装在专用的铣刀刀杆上(图 4-4)，刀杆的一端为锥体，装入铣床主轴的锥孔中，并用拉杆螺栓穿过主轴孔将刀杆拉紧。铣刀装在刀杆上应尽量靠近主轴的前端，以减少刀杆的变形。

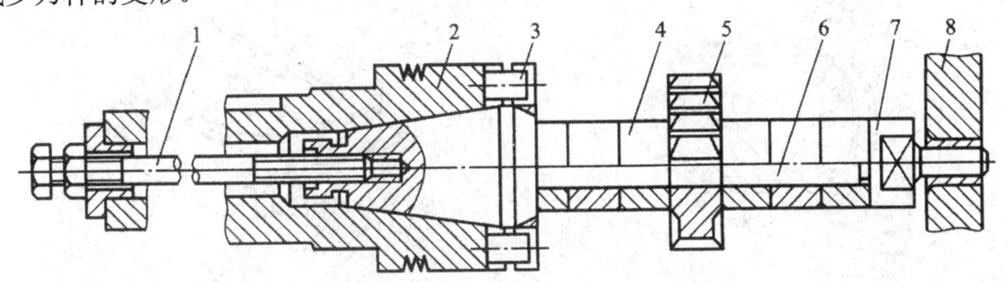

1—拉杆螺栓；2—主轴；3—端面键；4—套筒；5—三面刃铣刀；6—刀杆；7—螺母；8—吊架

图 4-4 三面刃铣刀的安装

带柄铣刀中的锥柄铣刀可以直接或通过变锥套安装在铣床主轴的锥孔中(图 4-5(a))，直

径为 3～20 mm 的直柄立铣刀、键槽铣刀可安装在主轴锥孔中的弹性夹头中(图 4-5(b))。

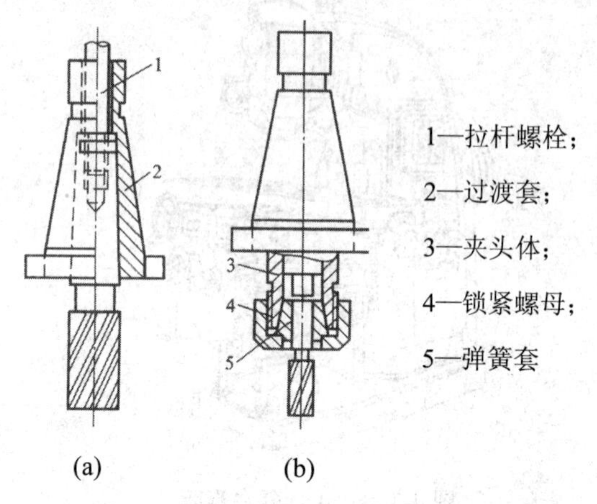

图 4-5　带柄铣刀的安装

4.2.3　铣床附件

铣床附件有万能铣头、回转工作台、平口钳和万能分度头。

万能铣头装在卧式铣床上，其底座用四个螺栓固定在铣床垂直导轨上，铣头的内壳体可绕铣床主轴轴线扳转任意角度，铣头主轴的外壳体还能绕铣头的内壳体扳转任意角度(图 4-6)。因此，万能铣头不仅能完成各种立铣的工作，而且还可以根据铣削的需要，将铣头主轴扳转到任意角度，这样就扩大了卧式铣床的加工范围。

回转工作台的主要功能是大工件的分度及带圆弧曲线的外表面和圆弧槽的铣削。它的内部有一蜗杆机构，转动操作手轮通过蜗杆轴带动蜗轮及与其相连的转台转动。离合器手柄可锁紧转台以防止其转动(图 4-7)。

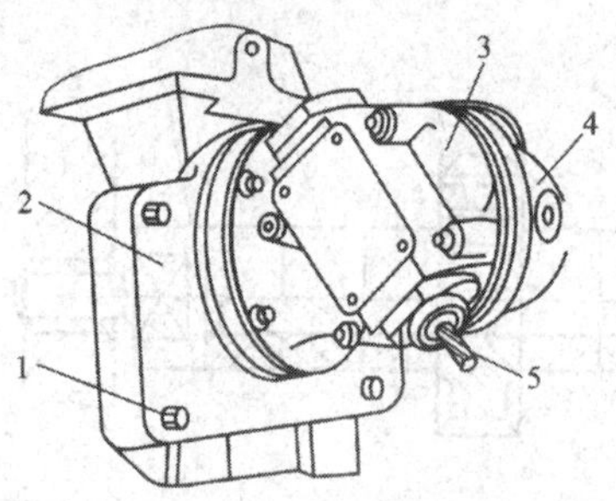

1—螺栓；2—底座；3—外壳体；
4—内壳体；5—铣刀

图 4-6　万能铣头

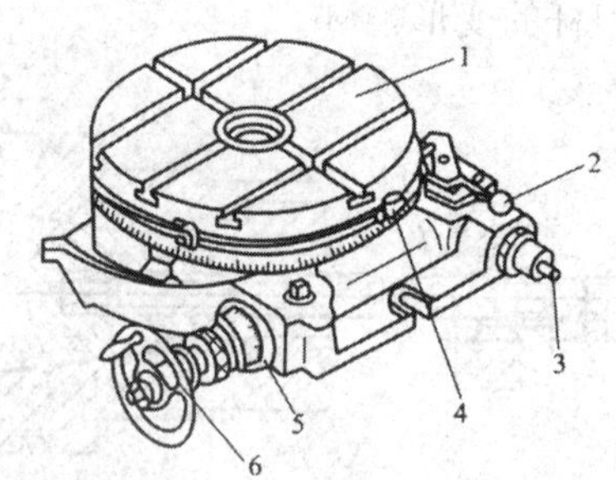

1—转台；2—离合器手柄；3—传动轴；
4—挡铁；5—偏心环；6—操作手轮

图 4-7　回转工作台

平口钳是铣床上最常用的夹具，其钳体可绕底盘回转(图 4-8)。

万能分度头是能对工件在圆周、水平、垂直、倾斜方向上进行等分或不等分地铣削的铣床附件，可铣四方、六方、齿轮、键槽和花键等。万能分度头由底座、转动体、主轴和分度盘等组成(图 4-9)。工作时，它的底座用螺钉紧固在工作台上，并利用导向键与工作台中间一条 T 形槽相配合，使分度主轴轴心线平行于工作台纵向进给。分度头的前端锥孔内可安放顶尖，用来支承工件；主轴外部有一短定位锥体与卡盘的法兰盘锥孔相连接，以便用卡盘来装夹工件。分度头的侧面有分度盘和分度手柄。分度时摇动分度手柄，通过蜗杆、蜗轮带动分度头主轴旋转进行分度。

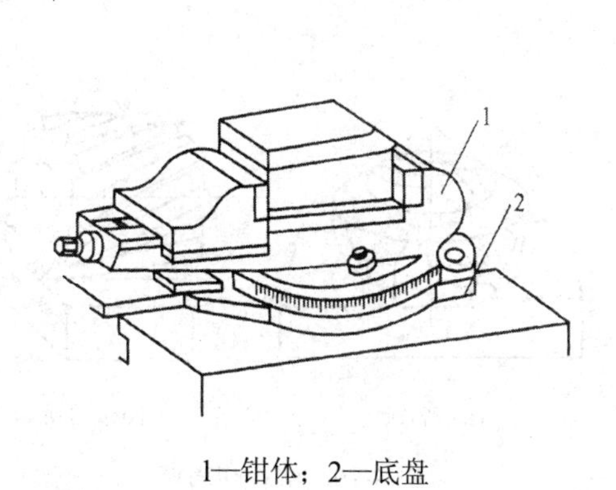

1—钳体；2—底盘

图 4-8　平口钳

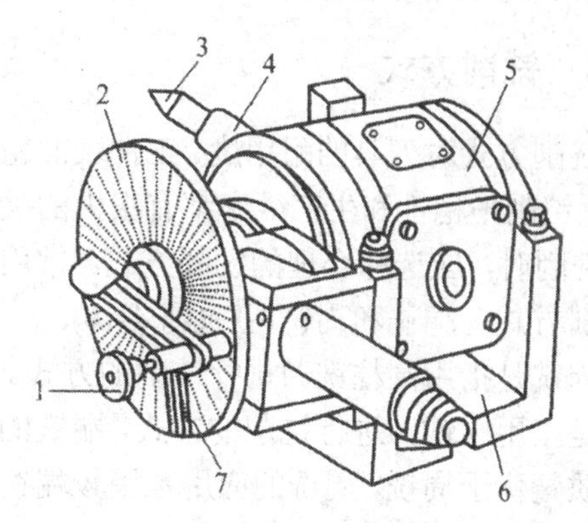

1—分度手柄；2—分度盘；3—顶尖；
4—主轴；5—转动体；6—底座；7—扇形夹

图 4-9　万能分度头

由于分度头蜗杆、蜗轮的传动比为 40，即手柄通过一对齿轮(传动比为 1∶1)带动蜗杆转动一圈，蜗轮只带动主轴转过 1/40 圈。若工件在整个圆周上的分度数目 z 为已知，则每转过一个等份，主轴需转过 $1/z$ 圈。这时手柄所需的转数可由下列比例关系式确定：

$$1:40=\frac{1}{z}:n$$

即

$$n=\frac{40}{z}$$

式中：n 为手柄的转数；z 为工件的等份数；40 为分度头的定数(传动比)。

例如：铣削 $z=23$ 的齿轮，$n=\frac{40}{23}=1\frac{17}{23}=1\frac{34}{46}$，即每铣一齿，手柄需要转过 $1\frac{34}{46}$ 圈。分度手柄的准确转数是借助分度盘来确定的，分度盘正、反两面有许多孔数不同的孔圈。

例如，国产 FW250 型分度头备有两块分度盘，其各圈孔数如下：

第一块正面：24，25，28，30，34，37；反面：38，39，41，42，43。

第二块正面：46，47，49，52，53，54；反面：57，58，59，62，66。

需要转过 $1\frac{34}{46}$ 圈，先将分度盘固定，再将分度手柄的定位销调整到孔数为 46 的孔圈上，手柄转过 1 圈后，再沿孔数为 46 的孔圈上转过 34 个孔距即可。

这叫做简单分度法。利用万能分度头分度的方法还有直接分度法、角度分度法、差动分度法、近似分度法等。

4.2.4　铣削方式

铣削方式对刀具的耐用度、工件表面粗糙度、铣削平稳性和生产效率都有很大的关系。铣削时，应选择合理的铣削方式。常用的铣削方式有端铣和周铣两种(图 4-10)。

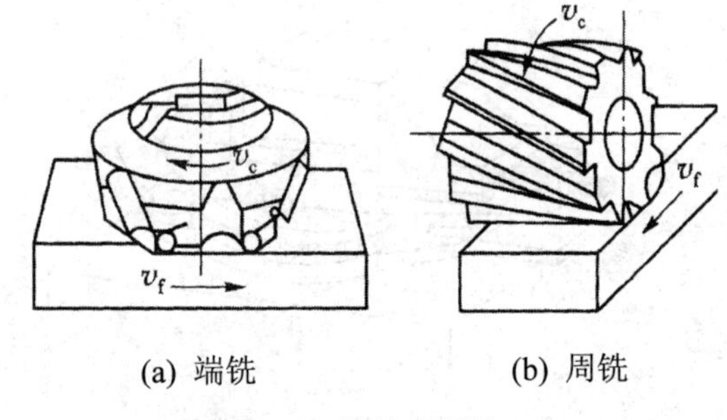

(a) 端铣　　(b) 周铣

图 4-10　端铣和周铣

周铣是指用圆柱铣刀进行铣削的方式。端铣是指用端铣刀进行铣削的方式。端铣的加工质量优于周铣，周铣的应用范围较端铣广泛。

用圆柱铣刀铣削时，其铣削方式可分为顺铣和逆铣两种(图 4-11)。当工件的进给速度与铣削速度的方向相同时，称为顺铣；反之称为逆铣。由于铣床工作台的传动丝杠与螺母之间存在间隙，如铣床上没有消除间隙的装置，在顺铣时，就会造成工作台在加工过程中无规则窜动，甚至会发生打刀事故。故尽管顺铣的优点多于逆铣，但逆铣的应用却比顺铣广泛。

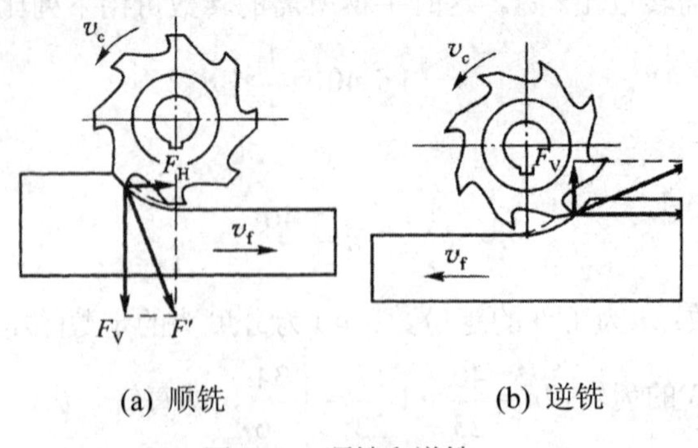

(a) 顺铣　　(b) 逆铣

图 4-11　顺铣和逆铣

4.3　铣削的基本工序

1. 铣平面

铣平面可以用圆柱铣刀(图 4-1(a))和端铣刀(图 4-1(b)、(c))来加工。

2. 铣台阶面

铣台阶面可用三面刃铣刀(图 4-12(a))、立铣刀(图 4-12(b))和组合铣刀(图 4-12(c))进行加工。

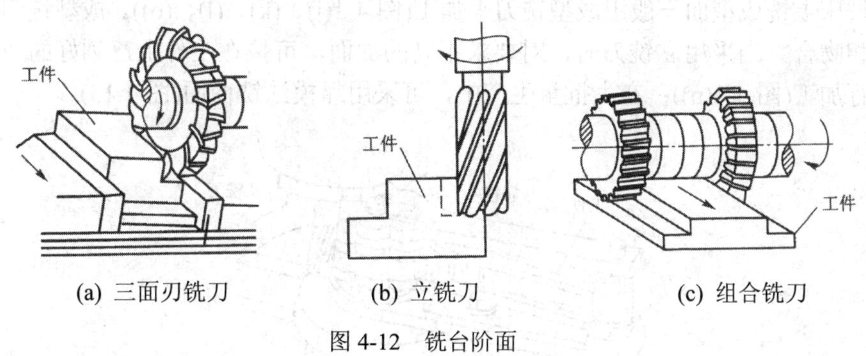

图 4-12　铣台阶面

3. 铣斜面

铣斜面常用斜垫铁(图 4-13(a))、旋转立铣头(图 4-13(b)、(c))、分度头(图 4-13d)和角铣刀(图 4-13(e))来加工。

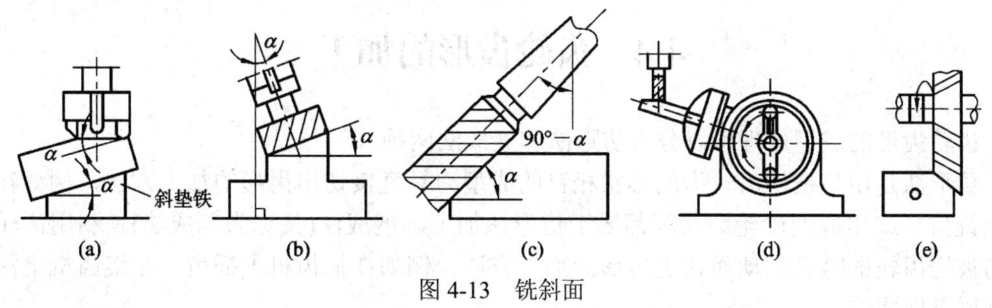

图 4-13　铣斜面

4. 铣键槽

轴上键槽通常在铣床上加工。在卧式铣床上铣开口式键槽通常用三面刃铣刀，可用平口钳(图 4-14(a))或分度头(图 4-14(b))装夹工件；同时，也可用三面刃铣刀在卧式铣床上铣花键，用分度头装夹工件；铣封闭式键槽常用键槽铣刀，可在卧式铣床上用立铣头或在立式铣床上用平口钳、分度头和轴用虎钳(图 4-14(c))装夹工件。

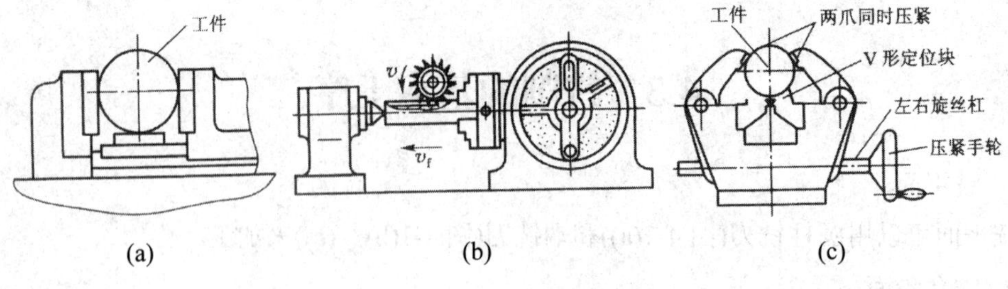

图 4-14　铣键槽

5. 铣成型面

在铣床上铣成型面一般用成型铣刀来加工(图 4-1(j)、(k)、(l)、(o))。成型铣刀的形状与加工面相吻合。当采用立铣刀时，对要求不高的曲面，可按在工件上已划好的线，移动工作台进行加工(图 4-1(p))；在大批量生产中，可采用靠模法铣曲面(图 4-15)。

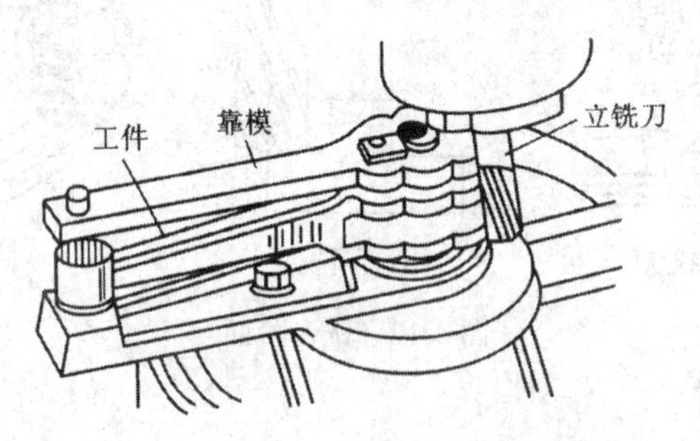

图 4-15　靠模法铣曲面

4.4　齿轮齿形的加工

齿轮齿形的成型原理可以分为仿形法和展成法两种。

仿形法是用与被切齿轮齿间形状相符的成型刀具直接切出齿形的加工方法，例如在铣床上铣齿，或用成型砂轮磨齿等都属于仿形法加工。展成法(又称为范成法)是利用齿轮刀具与被切齿轮的啮合运动而切出齿形的加工方法，例如在插齿机上插齿、在滚齿机上滚齿等都属于展成法加工。

4.4.1　铣齿

在铣床上铣齿时，工件安装在分度头和后顶尖之间(图 4-16)，用合适的齿轮铣刀对齿轮齿间进行铣削。铣完一个齿间后，刀具退出，进行分度，再继续铣下一个齿间。铣齿用的铣刀称为齿轮铣刀或模数铣刀。该铣刀有两种形式：一种是盘状齿轮铣刀(图 4-1(n))，适于加工模数 m<10 mm 的齿轮；另一种是指状齿轮铣刀(图 4-1(m))，适于加工 m>10 mm 的齿轮。

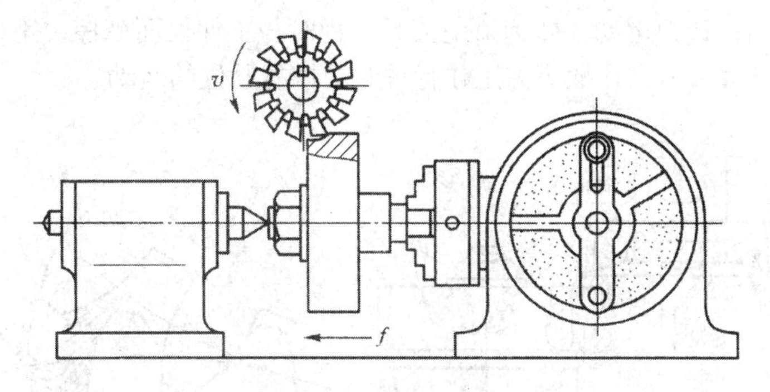

图 4-16 铣直齿圆柱齿轮

即使齿轮的模数相同，若齿数不同，齿形也不相同。从理论上讲，为了得到准确的齿形，同一模数不同齿数的齿轮，都应该用专门的铣刀加工，这就需要很多规格的铣刀。因而使生产成本大为提高。为了减少实际生产中铣刀的种类，一般把齿轮的齿数由少到多地分成 8 个组。每一组齿数范围的齿轮，用同一把铣刀加工。这样虽产生一些齿形误差，但铣刀的数量可大大减少。由于齿轮铣刀的刀齿轮廓是根据每组齿数中最少齿数的齿轮设计和制造的，所以在加工其他齿数的齿轮时，只能获得近似的齿形。表 4-1 列出了齿数分成 8 组时每组齿数范围和所用铣刀的刀号。

表 4-1 铣刀的刀号及其加工齿数的范围

刀 号	1	2	3	4	5	6	7	8
加工齿数范围/个	12～13	14～16	17～20	21～25	26～34	35～54	55～134	135 以上及齿条

铣齿所用设备简单，刀具成本低，但生产效率较低，加工出的齿轮精度只能达到 IT1～IT9 级，仅适用于修配或单件生产中制造某些转速低、精度要求不高的齿轮。

4.4.2 插齿

插齿加工在插齿机上进行。插齿过程相当一对齿轮对滚。插齿刀的形状与齿轮类似，只是在轮齿上刃磨出前、后角，使其具有锋利的刀刃。插齿时，插齿刀一边上下往复运动，一边与被切齿轮坯之间强制保持一对齿轮的啮合关系，即插齿刀转过一个齿，被切齿轮坯也转过相当一个齿的角度(图 4-17(a))，逐渐切去工件上的多余材料获得所需要的齿形(图 4-17(b))。

插齿需要五个运动：主运动，即插齿刀的上下往复直线运动；分齿运动，即插齿刀与被切齿轮坯之间强制保持一对齿轮的啮合关系的运动；圆周进给运动，即插齿刀每往复一次在自身分度圆上所转过弧长的毫米数；径向进给运动，即插齿刀向工件径向进给以逐渐切至齿全深的运动；让刀运动，即为避免刀具回程时与工件表面摩擦，工作台带动工件在插齿刀回程时让开插齿刀，在插齿刀工作行程时又恢复原位的运动。

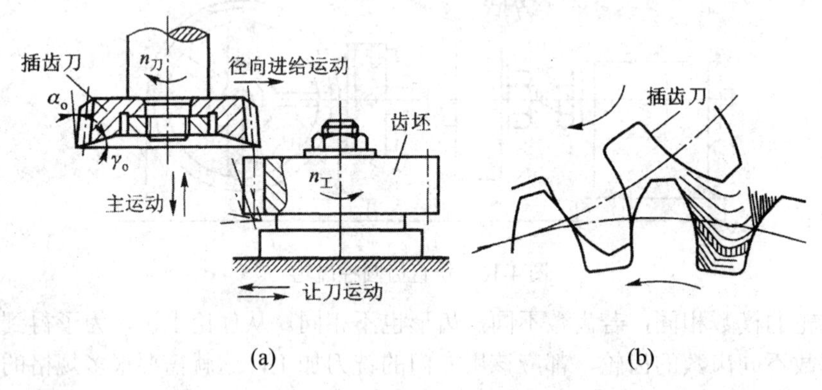

图 4-17　插齿加工

插齿除可以加工一般外圆柱齿轮外，尤其适宜加工双联齿轮、多联齿轮和内齿轮，其加工精度为 IT8～IT7 级，齿面粗糙度 *Ra* 为 1.6 μm。插齿用于各种批量的生产中。

4.4.3 滚齿

滚齿加工在滚齿机上进行。滚齿过程可近似地看作是齿条与齿轮的啮合。齿轮滚刀的刀齿排列在螺旋线上，在轴向或垂直于螺旋线的方向开出若干槽，磨出刀刃，即形成一排排齿条。当滚刀旋转时，一方面一排刀刃由上而下进行切削，另一方面又相当于齿条连续向前移动(图 4-18)。只要滚刀与齿轮坯的转速之间能严格保持齿条齿轮啮合的运动关系，再加上滚刀的沿齿宽方向的垂直进给运动，即可将齿轮坯切出所需要的齿形。

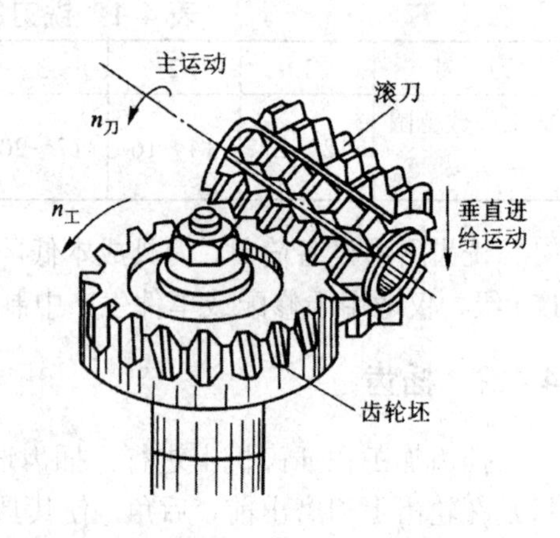

图 4-18　滚齿加工

滚齿时，为保证滚刀刀齿的运动方向(即螺旋齿的切线方向)与齿轮的轮齿方向一致，滚刀的轴必须扳转一定的角度。

滚齿机加工直齿圆柱齿轮需要三个运动：主运动，即滚刀的旋转运动；分齿运动，即滚刀与被切齿轮之间强制保持的齿条齿轮啮合关系的运动；垂直进给运动，即滚刀沿被切齿轮轴向移动逐渐切出全齿宽的运动。滚齿机加工斜齿圆柱齿轮还需要增加一个附加运动(差动运动)。

滚齿除可以加工直齿、斜齿圆柱齿轮外，还能加工蜗轮和链轮，其加工精度为IT8～IT7级，齿面粗糙度 *Ra* 为 1.6 μm。滚齿适宜各种批量的生产。

4.5 铣削训练课题举例

铣削训练课题见表4-2。

表4-2 铣削训练课题

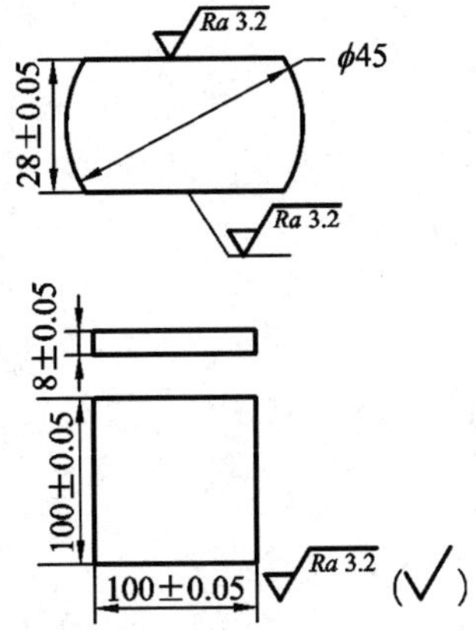

序号	项目	检测内容	配分	评分标准
1	工件1	厚度 28±0.05	20	不合格不得分
2		表面粗糙度 *Ra* 3.2 μm(2处)	20	不合格不得分
3	工件2	长度 100 ± 0.05	15	不合格不得分
4		宽度 100 ± 0.05	15	不合格不得分
5		厚度 8 ± 0.05	15	不合格不得分
6		表面粗糙度 *Ra* 3.2 μm(6处)	15	不合格不得分
7	文明生产	按照有关规定，每违反一次，从总分中扣除20分		
8	其他项目	工件必须完整，工件局部无缺陷(如夹伤、划痕等)		
训练课题	零件编号	材料	工时	总分
铣削	铣工—01	HT200	3.5h	

4.6　铣削实习报告相关内容

一、实习准备部分(预习本章内容，简要回答以下问题)

问题 1：卧式升降台铣床主要由哪几部分组成，各部分的主要作用是什么？

问题 2：简述铣床的主要附件的名称和用途。

问题 3：比较顺铣和逆铣的特点。

问题 4：简述齿形加工的主要应用。

二、现场实习部分(根据实习要求，以实习模块为单位，详细记录每一模块的实习目的和要求、实习所用设备及工具、实习内容等)

实习模块 1：铣床概述及空车训练。

实习模块 2：铣削示范，铣四方训练。

实习模块 3：思考铣削加工范围。

实习模块 4：其他相关内容。

第 5 章　刨 削 加 工

5.1　概　　述

刨床上用刨刀加工工件的工艺过程称为刨削。刨削是平面加工的主要方法之一。

刨削主要用来加工平面(包括水平面、垂直面和斜面)，也广泛地用于加工沟槽(如直槽、V 形槽、T 形槽、燕尾槽等)，还可以用来加工母线为直线的成型面等(图 5-1)。

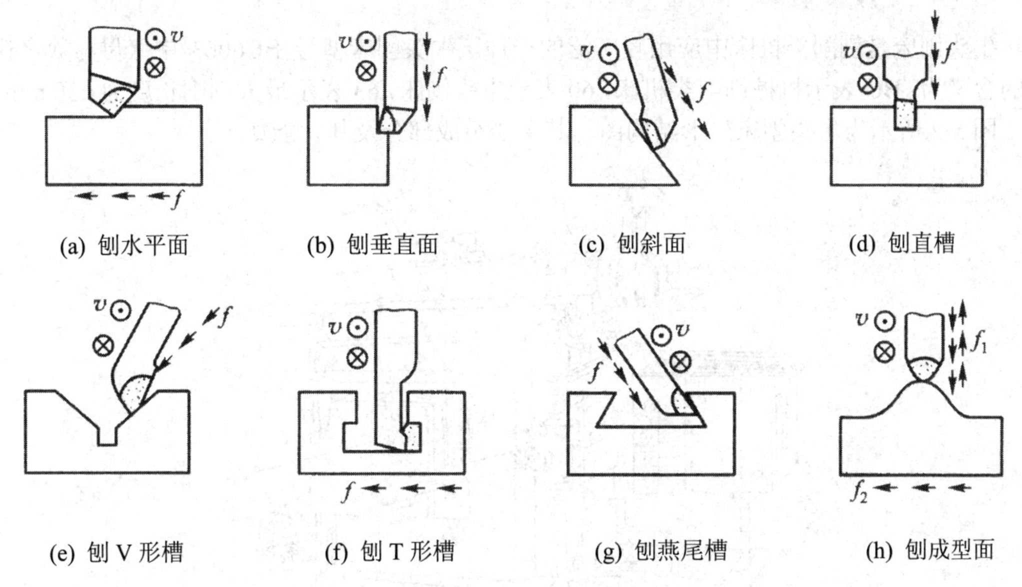

图 5-1　刨削加工范围

刨削加工可在牛头刨床上进行，此时，刀具做直线往复的主运动，工件在垂直于主运动方向作间隙进给运动。刨削加工也可在龙门刨床上进行，此时，主运动为工作台带动工件作直线往复运动，进给运动为刨刀作间隙的水平或垂直的直线运动。牛头刨床的最大刨削长度一般不超过 1000 mm，因此只适合加工中、小型工件，并用于单件生产。

由于刨削时刨刀只在工作行程切削，而在返回行程并不切削，即单行程切削；刨削加

工主运动为往复直线运动，在切入、切出时会引起较大的冲击，限制了切削用量的提高。它只适合在中、低速范围内进行加工；单刃刨刀实际参加切削的切削刃长度有限，一个表面往往要经过多次切削形成，基本工艺时间较长。由于以上原因，刨削的生产率较低。刨削加工所用的机床、刀具和夹具都比较简单，通用性强，故主要应用于单件小批生产，并在工具制造和设备维修车间得到广泛应用。

刨削加工质量中等，其尺寸公差等级一般为IT9～IT8，表面粗糙度 *Ra* 为 6.3～1.6 μm。但刨削加工可保证一定的相互位置精度。因为刨削可通过更换刨刀在一次安装中刨削几个不同的表面来保证位置精度。

5.2 刨床与刨刀

5.2.1 牛头刨床的组成及其功能

牛头刨床是刨削类机床中应用较广泛的一种。牛头刨床型号 BC6063 中字母与数字代表的含义为：BC 表示机械刨削类机床，60 表示牛头刨床，63 表示最大刨削长度为 630 mm。

图 5-2 所示为牛头刨床外形结构图，其主要组成部分及其功能如下：

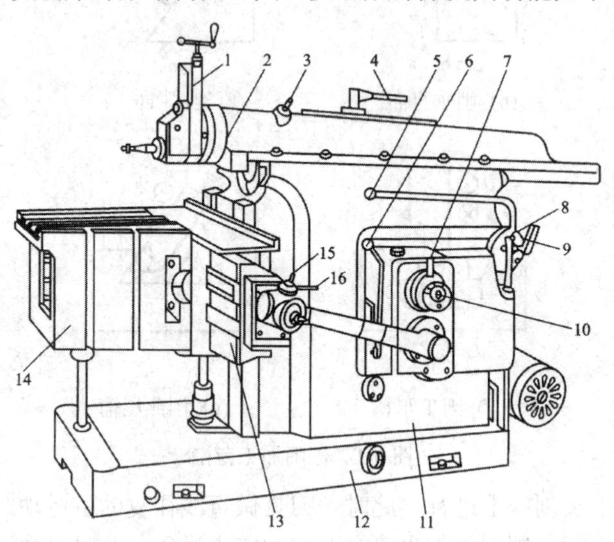

1—刀架；2—滑枕；3—调节滑枕位置手柄；4—紧定手柄；5—操纵手柄；6—工作台快速移动手柄；7—进给量调节手柄；8、9—变速手柄；10—调节行程长度手柄；11—床身；12—底座；13—横梁；14—工作台；15—工作台横向或垂直进给手柄；16—进给运动换向手柄

图 5-2　牛头刨床外形结构图

(1) 床身和底座。床身安装在底座上，用来安装和支承机床各部件。床身内部有传动机构，其顶面燕尾形导轨供滑枕作往复直线运动，垂直面导轨供工作台升降用。

(2) 滑枕和摇臂机构。摇臂机构是牛头刨床的主运动机构，其主要作用是把电动机的旋转运动变为滑枕的直线往复运动，从而带动刨刀进行刨削。滑枕往复运动的快慢、行程的长短和位置均可根据加工位置进行调整。

(3) 工作台及进给机构。工作台安装在横梁的水平导轨上，用来安装工件或夹具。台面上有T形槽供安装工件和夹具用，它可随横梁上下调整，依靠进给机构工作台可在横向作自动间隙进给。

(4) 刀架。刀架用来夹持刨刀(图 5-3)，实现垂直或斜向进给运动。其上滑板有可偏转的刀座，抬刀板绕刀座上的轴顺时针抬起，使刨刀返程时能抬离加工表面，减少刨刀与工件间的摩擦。

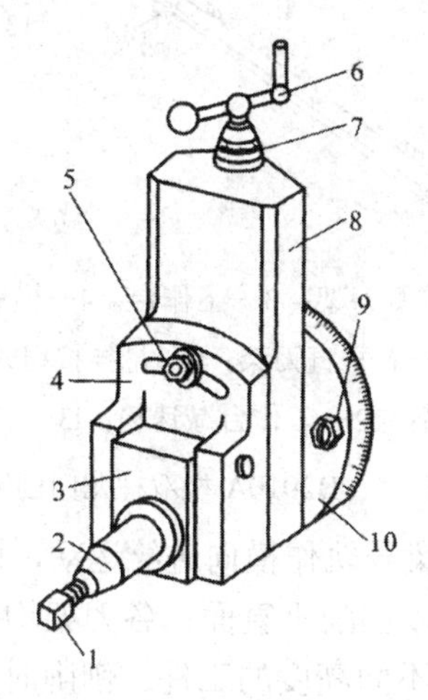

1—紧固螺钉；2—刀夹；3—抬刀板；4—刀座；5—螺母；

6—手柄；7—刻度环；8—滑板；9—螺母；10—刻度转盘

图 5-3 刀架

5.2.2 其他刨削类机床

除牛头刨床外，刨削类机床还有龙门刨床和插床等。

1. 龙门刨床

图 5-4 所示为双柱龙门刨床，型号为 B2010 A。龙门刨床的主运动是工作台(工件)的往复直线运动，进给运动是刀架(刀具)的移动。

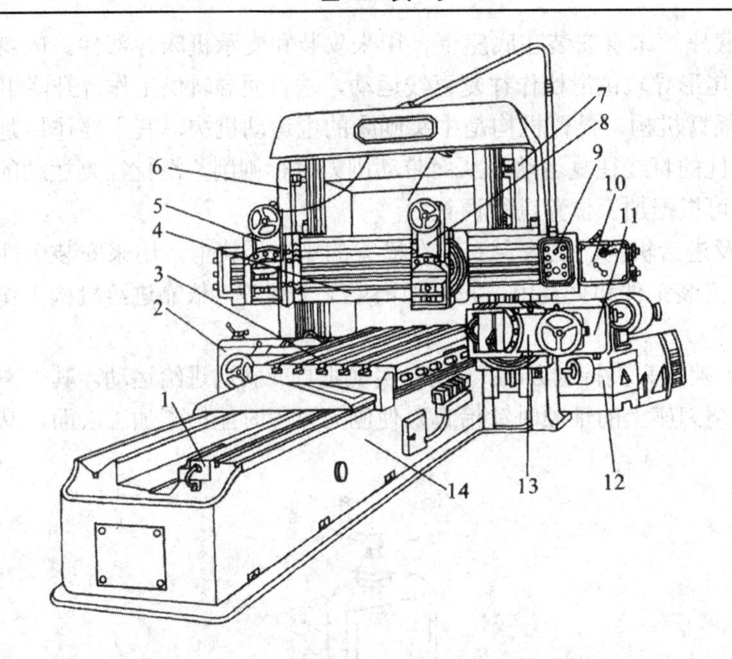

1—液压安全器；2—左侧刀架；3—工作台；4—横梁；5—左垂直刀架；

6—左立柱；7—右立柱；8—右垂直刀架；9—悬挂按钮站；10—垂直刀架进给箱；

11—右侧刀架进给箱；12—工作台减速箱；13—右侧刀架；14—床身

图 5-4　B2010A 型双柱龙门刨床

两个垂直刀架 2、13 可沿横梁导轨作横向进给运动，以刨削水平面；两个侧刀架 5、8 可沿立柱导轨作垂直进给运动，以刨削垂直面；各刀架均可扳转一定角度以刨削斜面。横梁 4 可沿立柱导轨升降，以适应不同高度的工件。刨削时要调整好横梁的位置和工作台的行程长度。

在龙门刨床上加工箱体、导轨等狭长平面时，可采用多刀、多件刨削以提高生产率。如在刚性好、精度高的机床上，用宽刃刀进行大进给量精刨平面，可以获得平面度在 1000 mm 内，不大于 0.02 mm，表面粗糙度 *Ra* 为 1.6～0.8 μm 的平面。故龙门刨床适合于大型零件上的狭长表面加工或多件、多刀同时刨削。

2. 插床

插床(图 5-5)在结构原理上与牛头刨床同属一类。插床可以看作是垂直运动的刨床，因此插床又称为立式刨床，其主运动为滑枕带动插刀在垂直方向上作往复直线运动。工件安装在工作台上，可作纵向、横向和圆周间歇进给运动。

插床主要用于单件、小批生产中插削直线和成型内表面，如方孔、多边形孔、孔内键槽等。另外，它有分度机构，故也可用于插花键等，加工精度达 IT9～IT8，表面粗糙度 *Ra* 为 6.3～1.6 μm。

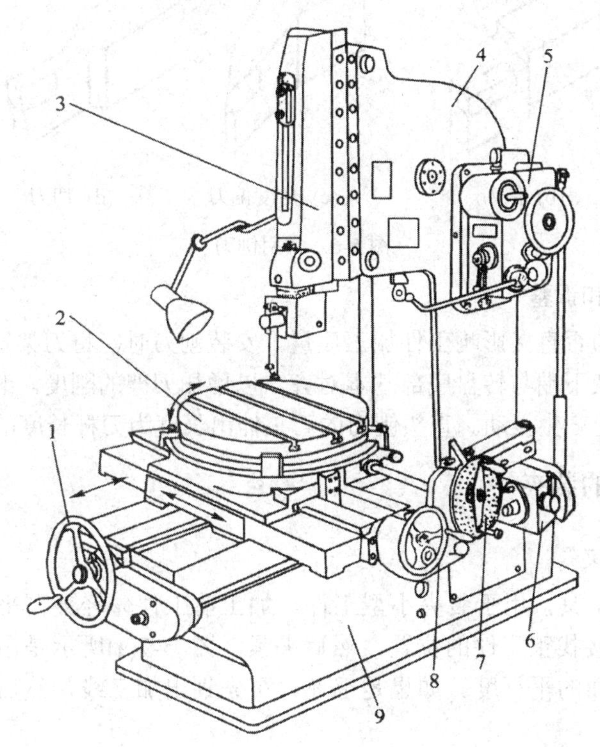

1—工作台纵向移动手轮；2—工作台；3—滑枕；4—床身；
5—变速箱；6—进给箱；7—分度盘；8—工作台横向移动手轮；9—底座

图 5-5 插床外形结构图

5.2.3 刨刀及其装夹

1. 刨刀的结构特点与种类

刨刀的结构、几何形状与车刀相似，但由于在刨削过程中有冲击力，刀具易损坏，所以刨刀截面通常比车刀大。为了避免刨刀扎入工件，刨刀刀杆常做成弯头的。

刨刀的种类很多，按加工形式和用途的不同，常用的刨刀如图 5-6 所示。其中，平面刨刀用来刨平面；偏刀用来刨垂直面或斜面；角度偏刀用来刨燕尾槽和角度；切刀及割槽刀用来切断工件或刨沟槽；弯切刀用来刨 T 形槽及侧面槽。此外，还有成型刀，用来刨特殊形状的表面。

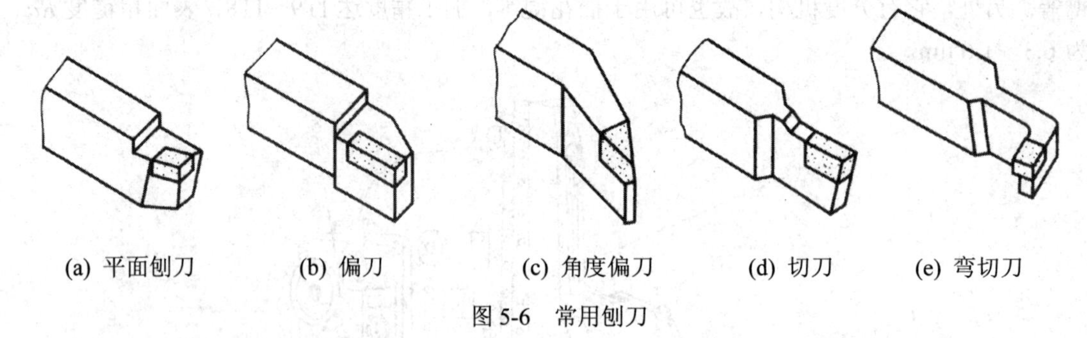

图 5-6　常用刨刀

2. 刨刀的装夹和调整

刨刀装夹正确与否直接影响工件加工质量。安装刨刀时，将刀架转盘对准零线，以便控制背吃刀量。刀架下端与转盘底部基本对齐，以增加刀架的刚度。装夹刨刀时，不要把刀头伸出过长，以免产生振动。直头刨刀的刀头伸出长度为刀杆长度的 1.5～2 倍。

5.2.4　刨削工件的装夹

1. 用平口钳装夹

平口钳是通用工具，用于装夹小型工件。加工前工件先轻夹在平口钳上，用钢尺、划针等或凭眼力直接找正工件的位置，然后夹紧。图 5-7(a)所示是用划针找正工件上、下两平面对工作台面的平行度。如果是毛坯，可先划出加工线，然后按划线找正工件的位置(图 5-7(b))。

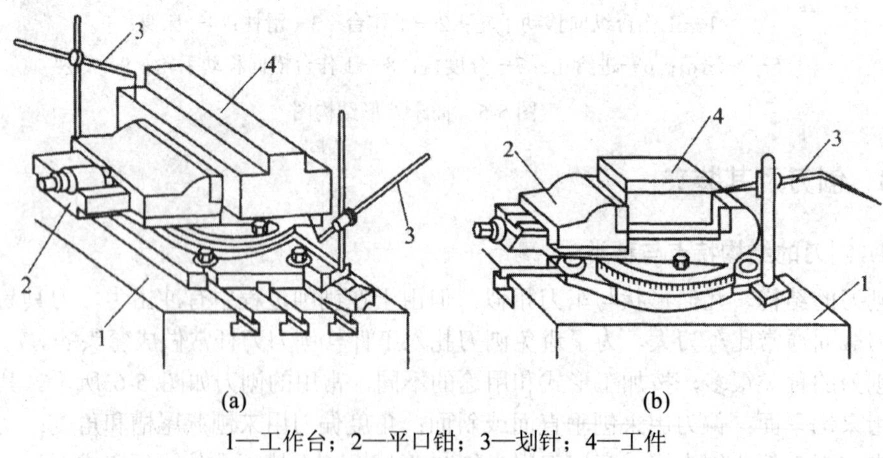

1—工作台；2—平口钳；3—划针；4—工件

图 5-7　平口钳装夹

2. 在工作台上装夹

在工作台上装夹工件时(图 5-8)，可根据工件的外形尺寸，分别用压板和压紧螺栓装夹工件、用撑板装夹薄板工件、用 V 形铁装夹圆形工件，或者将工件装在角铁上用 C 形夹或压板压紧。在工作台上装夹工件时，根据工件装夹精度要求，也可用划针、百分表等找正工件或先划好加工线再进行找正。

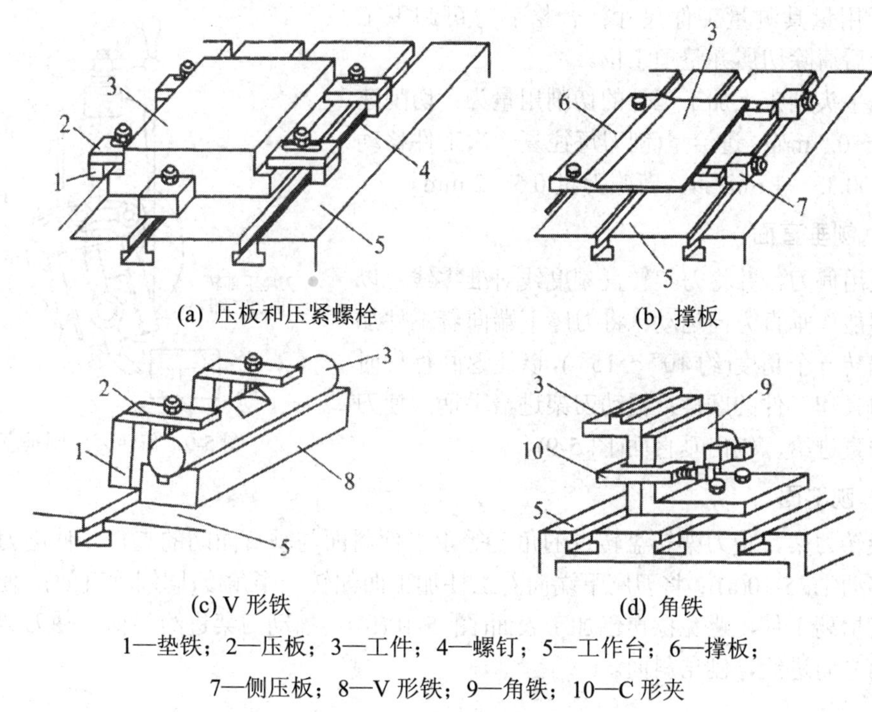

1—垫铁；2—压板；3—工件；4—螺钉；5—工作台；6—撑板；
7—侧压板；8—V 形铁；9—角铁；10—C 形夹

图 5-8 在工作台上装夹工件

3. 用专用夹具装夹

专用夹具是根据工件某一工序的具体情况而设计的，可以迅速而准确地装夹工件。这种方法多用于批量生产。在刨床上还经常使用组合夹具来装夹工件，以满足单件小批量生产的加工要求。

5.3 刨削的基本工序

1. 刨水平面

刨水平面可按下列顺序进行：根据工件加工表面形状选择和装夹刨刀；工件和刨刀安

装正确后，调整工作台(工件)高度至合适位置，再调整滑枕行程长度、行程速度和起始位置；开动机床，移动滑枕，使刨刀接近工件后停车；转动工作台横向走刀手柄，使工件移到刨刀下面，同时摇动刀架手柄，使刀尖接触工件表面；移动工作台，使工件一侧离刨刀3～5 mm；按选定的背吃刀量摇动刀架，使刨刀向下进刀；开动机床，工作台横向走刀，进行刨削(若刨削余量较大，可分几次走刀刨完)；刨完后用量具测量工件尺寸；合格后方可卸下工件。最后清除切屑并整理工位。

在牛头刨床上加工工件的切削用量为：切削速度 0.2～0.5 m/s；进给量(刨刀每往复一次工件移动的距离)0.33～1 mm/str；背吃刀量 0.5～2 mm。

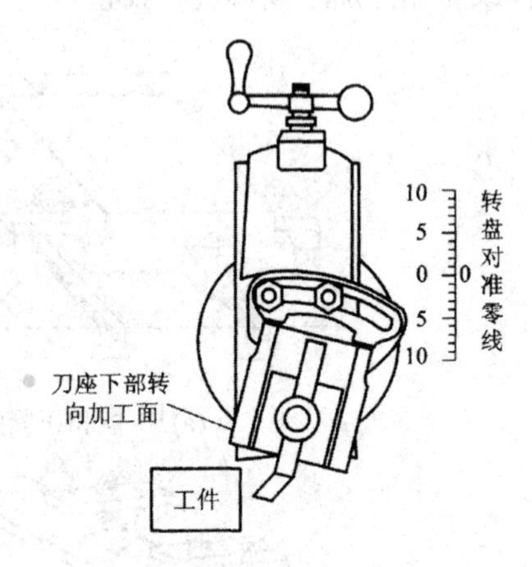

图 5-9　偏转刀座刨垂直面

2. 刨垂直面

采用偏刀，并将刀架转盘刻度线对准零线，以便刨刀能作垂直方向运动；将刀座下端向着工件加工面偏转一个角度(约 10°～15°)，以便返回行程时减少刀具和工件的摩擦；摇动刀架进给手柄，使刀架作垂直进给，刨出垂直面(图 5-9)。

3. 刨斜面

扳转刀架，使刀架转盘转过的角度等于工件斜面与垂直面间的夹角，使刨刀能沿斜面方向移动(图 5-10(a))；将刀座下端向着工件加工面偏转一个角度(同刨垂直面)，使刨刀在回程时能抬离工件，避免擦伤已加工表面(图 5-10(b))；摇动刀架进给手柄，使刀架从上向下沿斜面方向进给，刨出斜面。

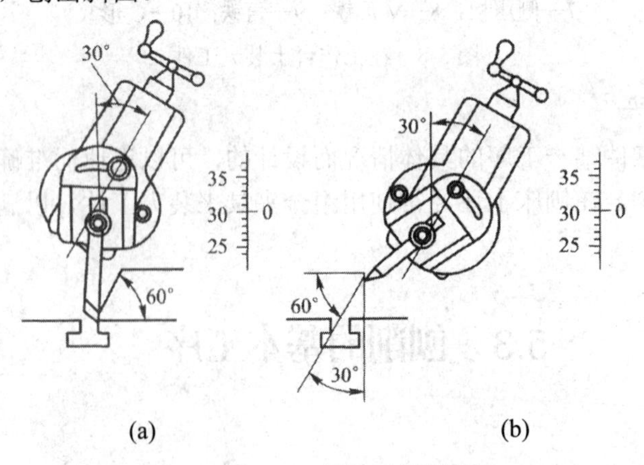

图 5-10　扳转刀架刨斜面

4. 刨沟槽

(1) 刨 T 形槽。刨 T 形槽的划线形状如图 5-11 所示。T 形槽的刨削步骤如图 5-12 所示。

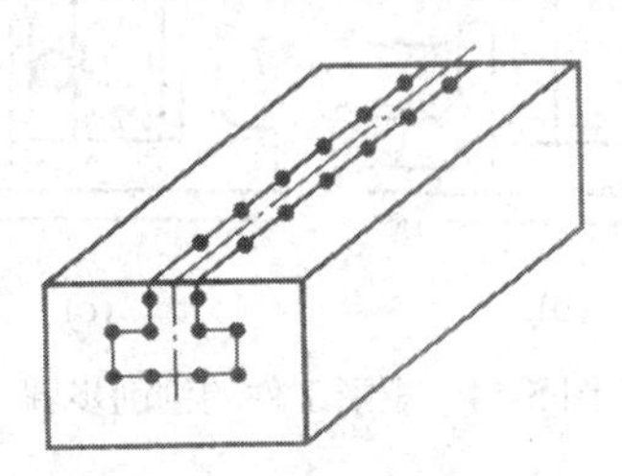

图 5-11　T 形槽工件的划线

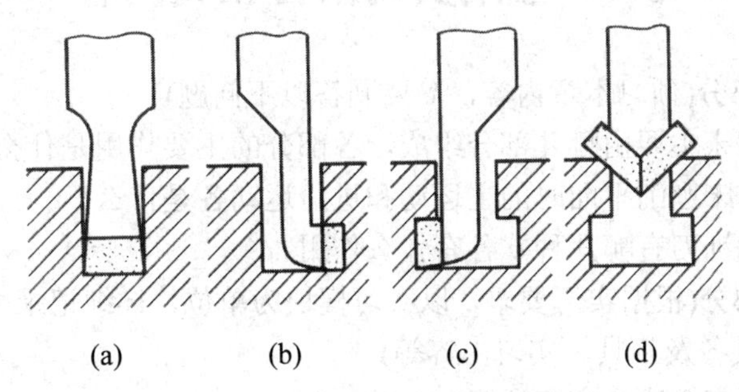

图 5-12　T 形槽的刨削步骤

(2) 刨燕尾槽。燕尾槽的刨削步骤如图 5-13 所示，图中的 *a*、*b*、*c* 为加工顺序。

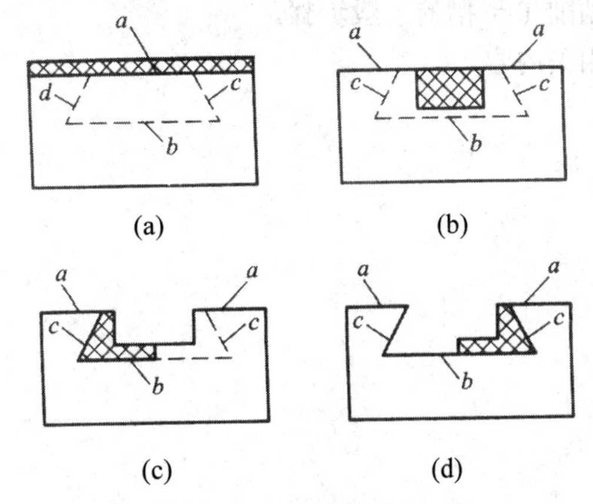

图 5-13　燕尾槽的刨削步骤

5. 刨矩形工件

矩形工件的刨削步骤如图 5-14 所示，图中的 1、2、3、4 为加工顺序。

进行刨削实习时，把切削用量中的任意两个量固定，改变第三个，分别进行切削，比

较加工表面质量，从而了解各个切削用量对加工表面质量的影响。

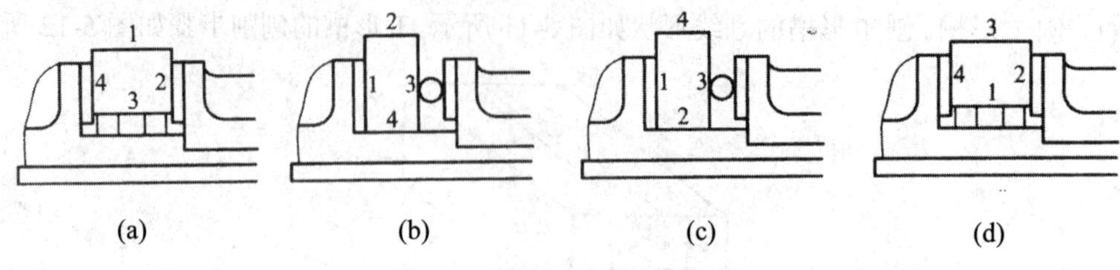

图 5-14　矩形工件的刨削步骤

5.4　刨削实习报告相关内容

一、实习准备部分(预习本章内容，简要回答以下问题)

问题 1：牛头刨床主要由哪几部分组成，各部分的主要作用是什么？

问题 2：简述刨床刨削平面时的主运动和进给运动各是什么？

问题 3：常见的刨刀有哪几种？各有什么作用？

二、现场实习部分(根据实习要求，以实习模块为单位，详细记录每一模块的实习目的和要求、实习所用设备及工具、实习内容等)

实习模块 1：刨床概述及空车训练。

实习模块 2：刨削示范，刨削矩形工件训练。

实习模块 3：思考刨削 T 形槽的一般步骤。

实习模块 4：其他相关内容。

第6章　钳　工

6.1　概　述

6.1.1　钳工工作范围

钳工主要是利用虎钳和各种手动工具，来完成零件的加工、机械产品的装配、调试及零件(或机器)的修理等。

钳工的工作范围很广，主要包括划线、錾削、锯削、锉削、钻孔、扩孔、铰孔、锪孔、刮削、研磨、攻螺纹和套螺纹，还包括机械产品的装配、调试、修理以及零件的矫正、铆接和简单的热处理等。

钳工操作使用的设备及工具简单，加工方法灵活多变，能完成机械加工不方便或难以完成的工作，因此钳工在机械制造中起着十分重要的作用。但由于其大部分是手工操作，故劳动强度大，生产率低，对工人操作技术水平要求较高，随着机械工业的发展，钳工操作的机械化程度将不断提高，以减轻劳动强度和提高生产率。

6.1.2　钳工常用的设备

1. 钳工工作台

钳工工作台如图 6-1 所示。一般用坚实的木材或钢板做成，要求牢固平稳，台面高度为 800～900 mm，以适合操作方便。为了安全，台面装有防护网，工具、量具、工件必须分类放置。

2. 台虎钳

如图 6-2 所示，台虎钳是夹持工件的主要工具，其规格用钳口宽度表示，常用的有 100 mm、125 mm、150 mm 三种规格。

使用台虎钳时，应该注意：转动手柄夹紧工件时，手柄上不准套上管子或用锤敲击，以免虎钳丝杠或螺母上的螺纹损坏；夹持工件时，尽可能夹在钳口中部，使钳口受力均匀；当夹持工件的光洁表面时，应垫铜皮或铝皮加以保护。

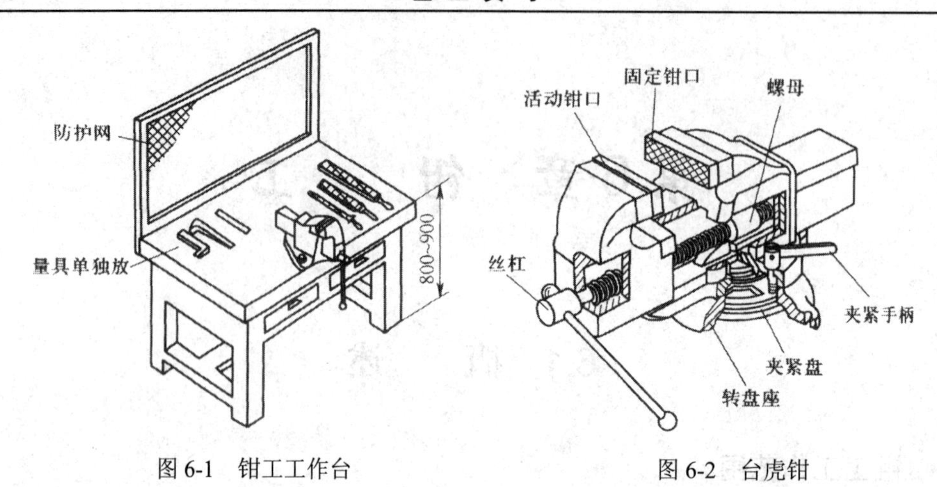

图 6-1　钳工工作台　　　　图 6-2　台虎钳

3. 台式钻床

台式钻床的外形和结构如图 6-3 所示。它是一种放在台桌上使用的小型钻床，具有结构简单、体积小、使用方便等特点，适于加工中、小型零件上直径在 16 mm 以下的小孔。钻床主轴前端安装着钻夹头，再用钻夹头夹持刀具，主轴旋转运动为主运动，主轴的轴向移动为进给运动，台钻的进给运动是手动。主轴的转速可通过改变三角带在塔轮上的位置来调节。

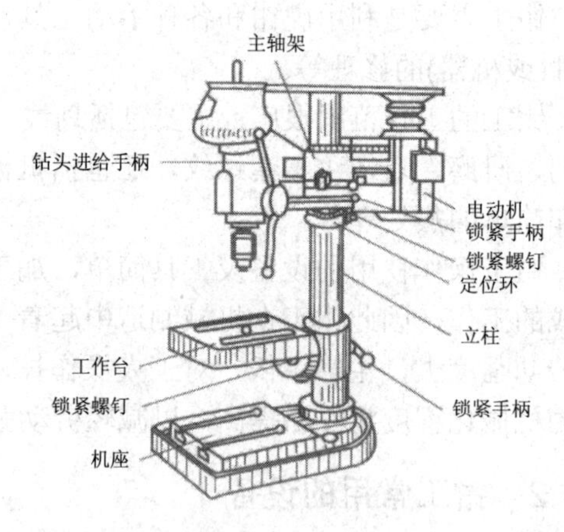

图 6-3　台式钻床

4. 手电钻

手电钻主要用于直径小于 12 mm 的孔，常用于不便使用钻床钻孔的场合。手电钻的电源有单相(220 V、36 V)和三相(380 V)两种。根据用电安全条例，手电钻额定电压只允许为 36 V。手电钻携带方便、操作简单、使用灵活，故应用比较广泛。

6.2　划　　线

6.2.1　划线的作用与分类

划线是根据图样要求，在毛坯或半成品上划出加工界线的一种操作。

1. 划线的作用

(1) 划好的线能明确标出加工余量、加工位置等，可作为加工工件或安装工件时的依据。

(2) 借助划线来检查毛坯的形状和尺寸是否符合要求，避免不合格的毛坯投入机械加工而造成浪费。

(3) 通过划线使加工余量不均匀的毛坯(或半成品)得到补救(又称借料)，保证加工过程中不出或少出废品。

2. 划线的分类

根据工件几何形状的不同，划线可分为平面划线和立体划线两种。其中平面划线是指在工件的一个平面上划线，如图 6-4(a)所示；立体划线指在工件的长、高、宽三个方向划线，如图 6-4(b)所示。

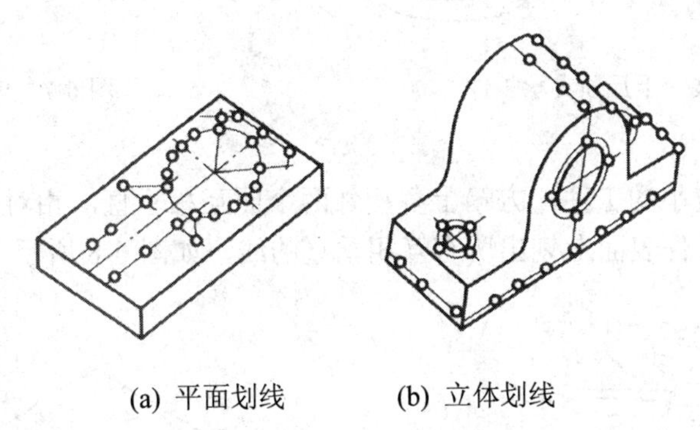

(a) 平面划线　　(b) 立体划线

图 6-4　平面划线和立体划线

6.2.2　划线工具及其用途

1. 基准工具

划线的基准工具是划线平板，如图 6-5 所示。它的工作表面经过精刨和刮削加工，平直光滑，是划线时的基准平面。使用时，划线平板要求安装牢固，保持水平，平面的各部位应均匀使用，避免因局部磨损而影响划线精度，要防止碰撞或用锤敲击，保持表面清洁，长期不用时应涂油防锈，并用木板护盖，以保护平面。

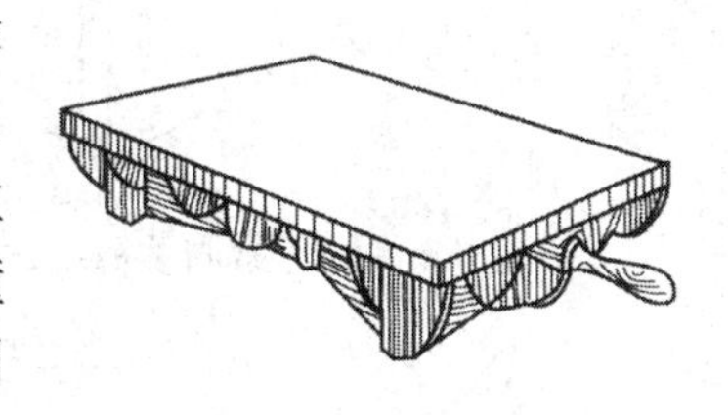

图 6-5　划线平板

2. 支承工具

常用的支承工具有千斤顶、V 形铁、方箱等。

1) 千斤顶

千斤顶用于在平板上支承较大及不规则的工件。通常用三个千斤顶来支承工件，其高度可以调整，以便找正工件，如图 6-6 所示。

2) V 形铁

V 形铁主要用于支承圆柱形工件，使用时工件轴线应与平板平行，如图 6-7 所示。

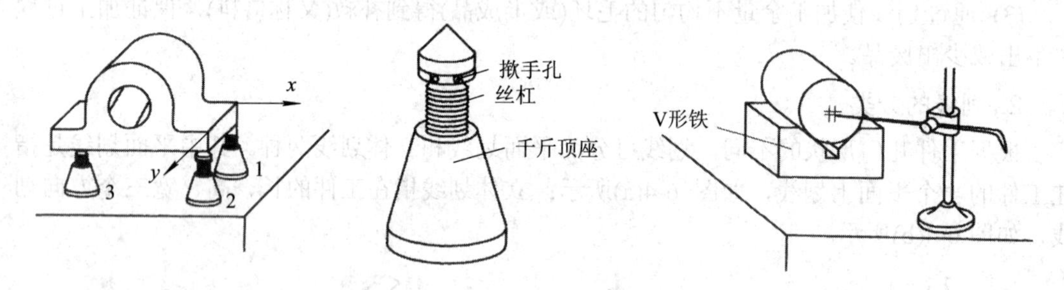

图 6-6　千斤顶支承工件　　　　图 6-7　V 形铁支承工件

3) 方箱

方箱用于夹持较小的工件，方箱上各相邻两个面互相垂直，相对平面相互平行，通过翻转方箱，便可在工件表面上划出所有互相垂直的线，如图 6-8 所示。

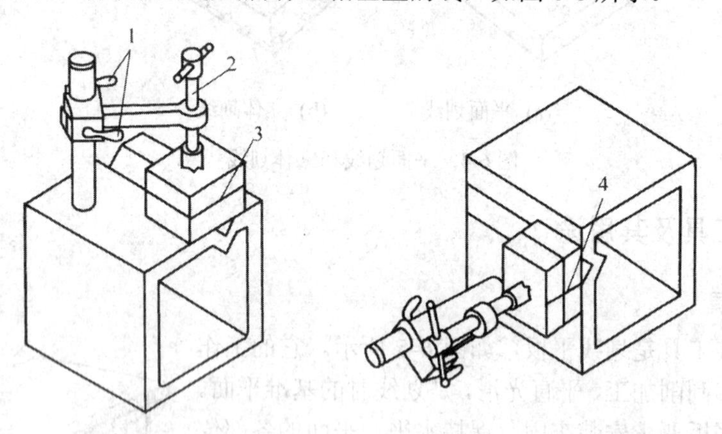

1—紧固手柄；2—压紧螺栓；3—划出的水平线；4—划出的垂直线

图 6-8　方箱及其用法

3. 划线工具

1) 划针

划针是用来在工件表面上划线的工具，其结构形状及使用方法如图 6-9 所示。

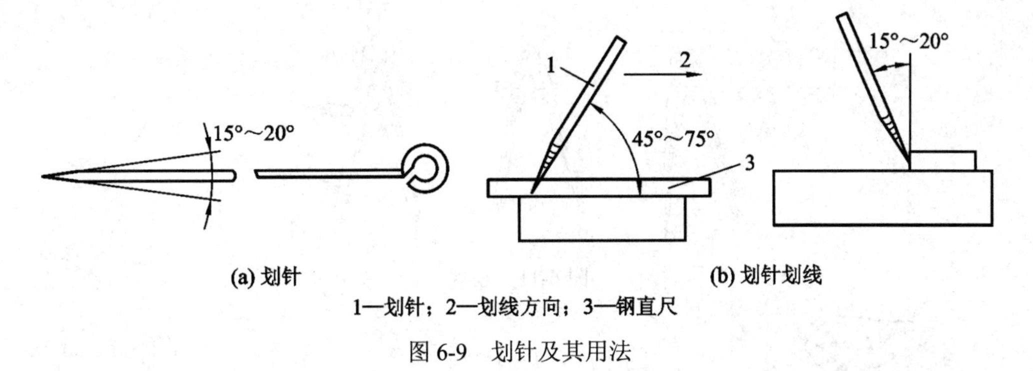

图 6-9　划针及其用法

2) 划针盘

划针盘是立体划线时常用的工具，划针盘的结构及使用方法如图 6-10 所示。划线时，将划针调节到所需高度，通过在平板上移动划针盘，便可在工件上划出与平板平行的线。

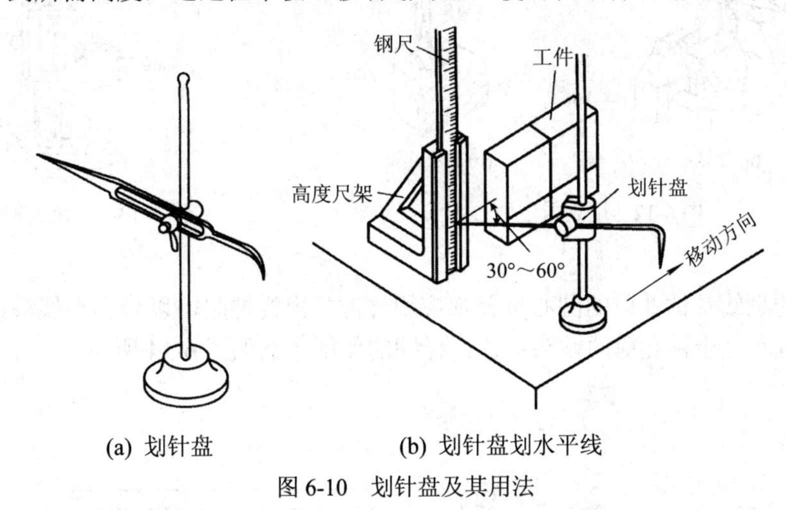

图 6-10　划针盘及其用法

3) 划规

划规是平面划线的主要工具，划规的形状如图 6-11 所示，主要用于划圆、量取尺寸和等分线段等。

4) 划卡

划卡主要用来确定轴和孔的中心位置，其使用方法如图 6-12 所示。

5) 高度游标尺

高度游标尺由高度尺和划针盘组成，属于精密工具，不允许用它划毛坯，防止损坏硬质合金划线脚，如图 6-13 所示。

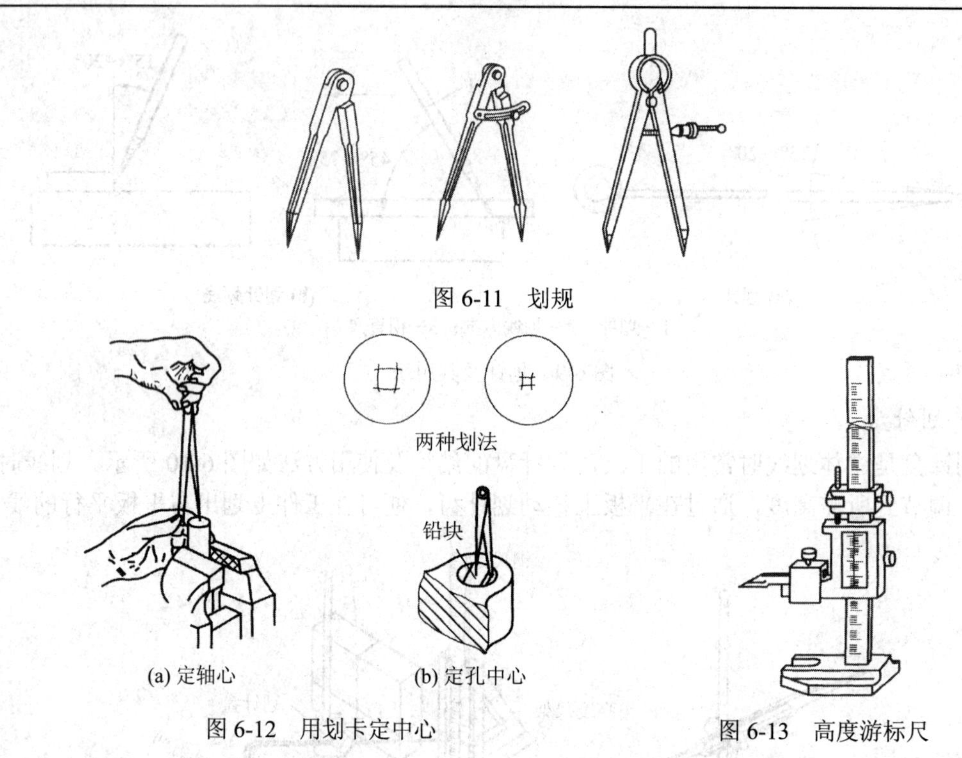

图 6-11　划规

(a) 定轴心　(b) 定孔中心

图 6-12　用划卡定中心

图 6-13　高度游标尺

6) 样冲

工件上的划线及钻孔前的圆心位置都应用样冲打出样冲眼，以防当划线模糊后，仍能找到划线位置和便于钻孔前的钻头定位。样冲的使用方法如图 6-14 所示。

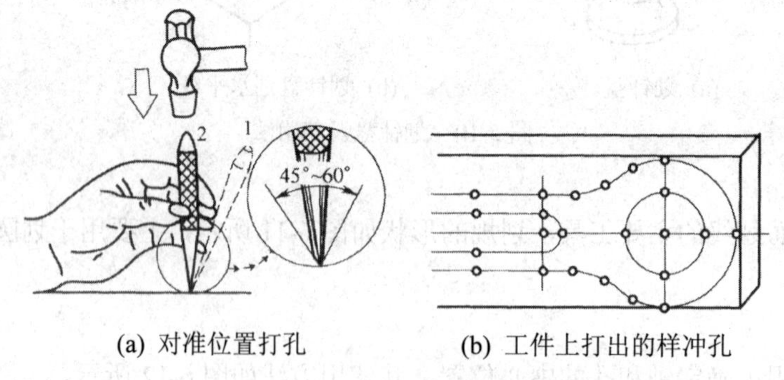

(a) 对准位置打孔　(b) 工件上打出的样冲孔

图 6-14　样冲的用法

6.2.3　划线基准

划线时，作为开始划线所依据的点、线、面位置，就称为划线基准。正确选择划线基准，可以提高划线的质量和效率，并相应提高毛坯合格率。

划线基准的选择：一般选取重要的孔的中心线或某些已加工过的表面作为划线基准，并尽量使划线基准与设计基准和工艺基准保持一致。例如，若工件上有重要的孔需要加工，一般选择该孔的轴线作为划线基准，如图 6-15(a)所示。

若工件上个别平面已经加工，则应以该平面作为划线基准，如图 6-15(b)所示。

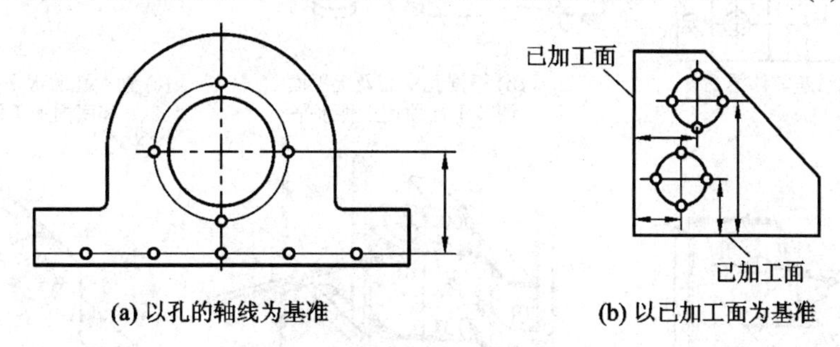

(a) 以孔的轴线为基准　　(b) 以已加工面为基准

图 6-15　划线基准选择

6.2.4　划线步骤及示例

对形状不同的零件，要选择不同的划线方法，一般有平面划线和立体划线两种。平面划线类似于平面几何作图。

下面以轴承座的立体划线为例来说明划线的具体操作步骤，如图 6-16 所示。

(1) 分析研究零件图样，检查毛坯是否合格，确定划线基准。零件图样中 $\phi 50$ 内孔是作为设计基准重要的孔，划线时应以此孔的中心线作为划线基准，如图 6-16(a)所示。

(2) 清理毛坯上的氧化皮、焊渣、焊瘤以及毛刺等，在划线部位涂色。一般情况下，铸件、锻件表面用石灰水涂色，半成品毛坯涂硫酸铜溶液，铜、铝等有色金属毛坯涂蓝油。

(3) 支承并找正工件。用三个千斤顶支承工件底面，根据孔中心及上平面，调节千斤顶，使工件水平，如图 6-16(b)所示。

(4) 划水平基准线(孔的水平中心线)及底面四周加工线，如图 6-16(c)所示。

(5) 将工件翻转 90°，用直角尺找正，划孔的垂直中心线及螺钉孔中心线，如图 6-16(d)所示。

(6) 将工件再翻转 90°，用直角尺在两个方向找正，划螺钉孔另一方向的中心线及端面加工线，如图 6-16(e)所示。

(7) 检查划线是否正确，打样冲眼，如图 6-16(f)所示。

划线时要注意，同一面上的线条应在一次支承时划全，避免补划线时因再次调整支承而产生误差。

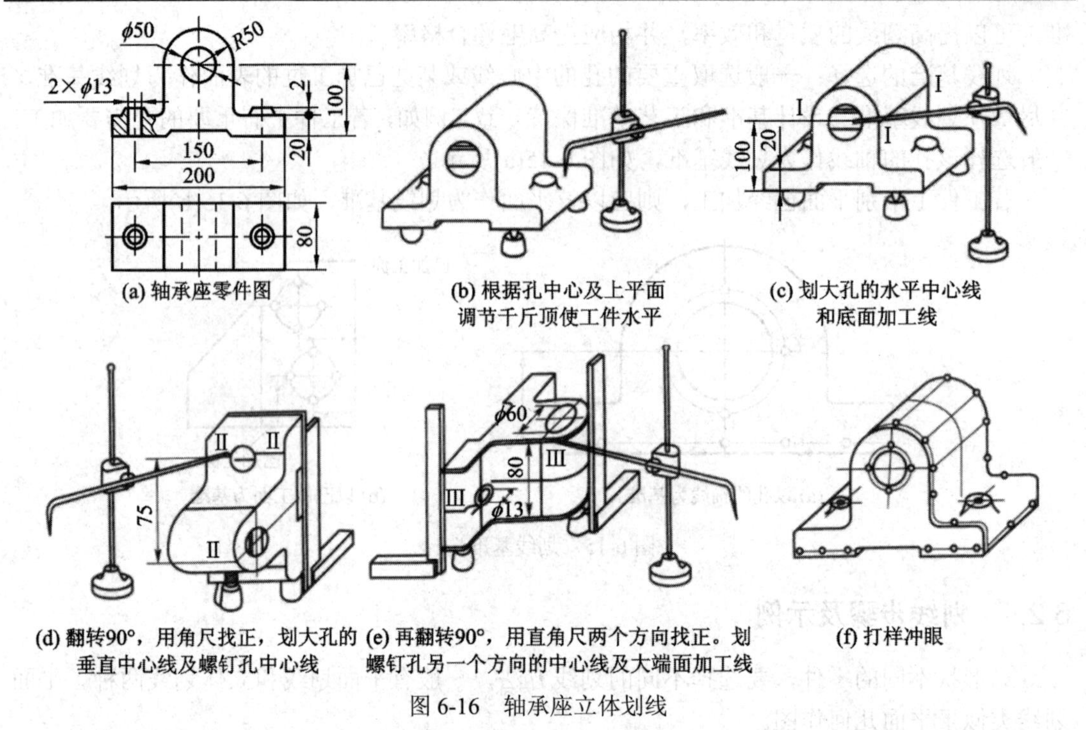

图 6-16　轴承座立体划线

6.3 钳 台 操 作

6.3.1 錾削

錾削是用手锤锤击錾子，对工件进行切削的操作。錾削可加工平面和沟槽，分割板料及清理铸锻毛坯上的毛刺和飞边等。

1. 錾削工具

1) 錾子

錾子一般用碳素工具钢锻造而成，刃部经淬火、回火处理，具有一定的硬度和韧性。常用的錾子有扁錾、窄錾和油槽錾三种，如图 6-17 所示。

錾子的几何角度如图 6-18 所示。錾子的楔角 β_0 对錾削工作有较大的影响，楔角 β_0 愈小，錾子刃口愈锋利，但錾子强度较差，刃口易崩裂；楔角 β_0 愈大，錾子强度愈高，但錾削时阻力较大，不易切入工件。所以在强度允许的情况下，应尽量选择较小的楔角。錾削铸铁和钢时，$\beta_0 = 60° \sim 70°$；錾削有色金属时，$\beta_0 = 35° \sim 60°$。

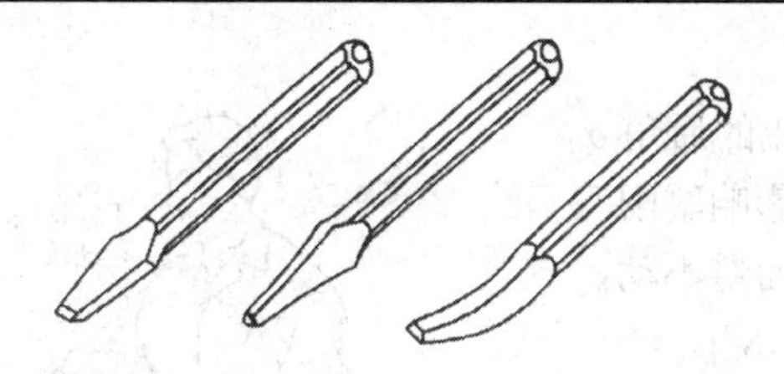

图6-17 常用錾子

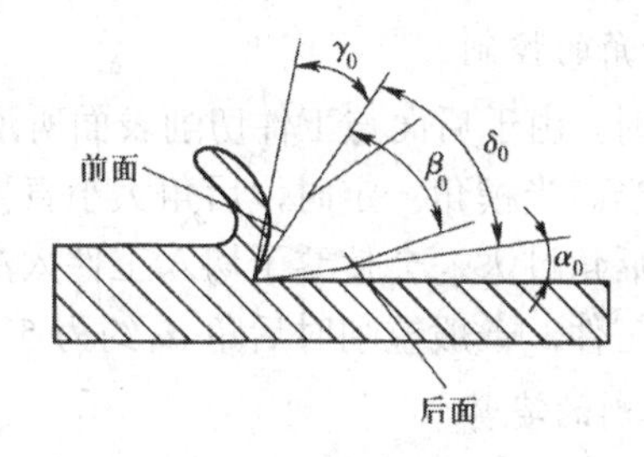

图6-18 錾子的几何角度

2) 手锤

手锤是錾削和装拆零件的重要工具，用碳素工具钢制成，头部经过淬火、回火处理。手锤由锤头和木柄两部分组成，全长约350 mm。手锤的大小规格是采用锤头的重量来表示的，常用的锤头重量为0.5 kg。

2. 錾削操作

1) 手锤的握法

如图6-19所示，拇指与食指握住锤柄，其余三指稍有自然松动，锤柄露出约15～20 mm。手锤不要握得太死，以免疲劳或将手磨破。

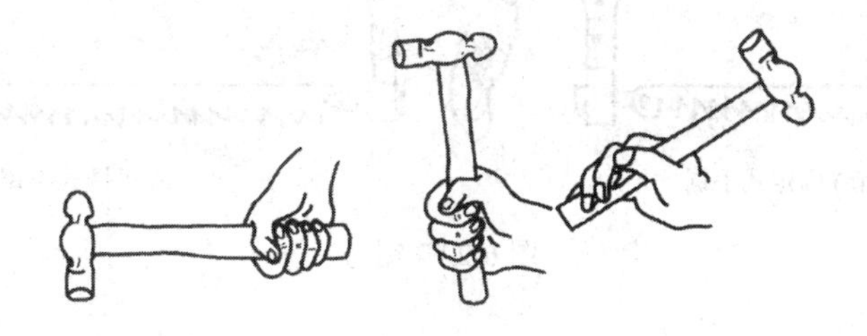

图6-19 手锤的握法

2) 錾子的握法

錾子全长约125～150 mm。錾子一般有三种握法，如图6-20所示。手握錾子时顶部要露出20～25 mm。

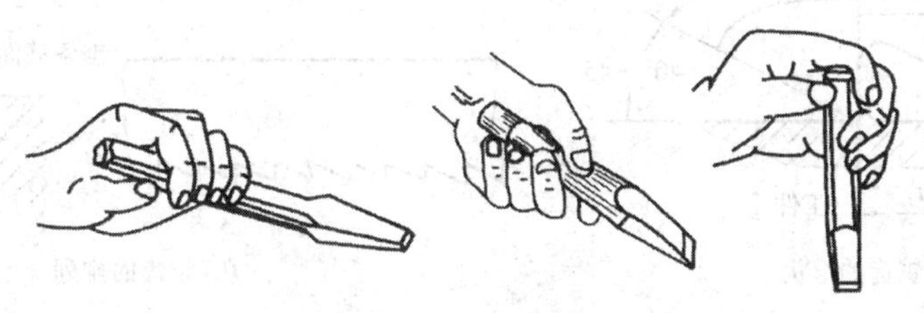

图6-20 錾子的握法

3) 后角的控制

錾削时，由于后面与工件切削表面所形成的后角 α_0 要掌握恰当。当楔角一定时，后角大小直接影响錾削工作。如果后角过大，会使錾子切入工件太深而錾不动，甚至錾坏工件，一般錾削时后角 α_0 约为 5°～8°。

4) 錾削的姿势

錾削时的姿势如图 6-21 所示。

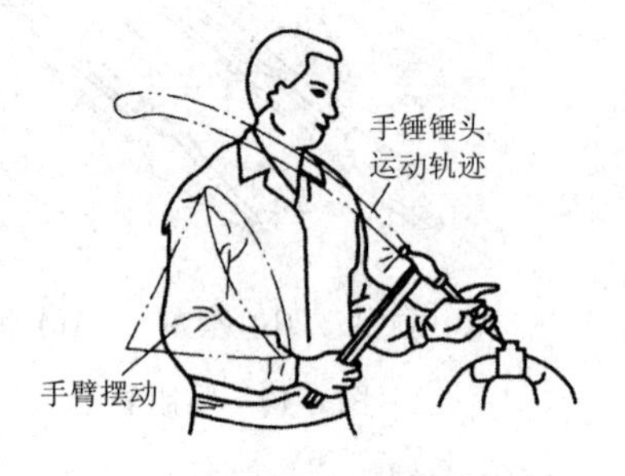

图 6-21　錾削时的姿势

6.3.2　锯削

钳工锯削是用手锯锯断工件或在工件上锯出沟槽的操作。

1. 手锯

手锯是钳工锯削的工具，由锯弓和锯条两部分组成。

1) 锯弓

锯弓用来夹持和拉紧锯条，有固定式和可调式两种，如图 6-22 所示。

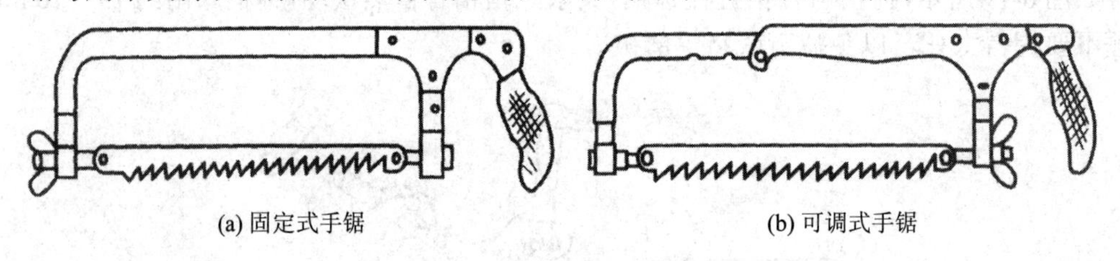

(a) 固定式手锯　　(b) 可调式手锯

图 6-22　锯弓

2) 锯条

锯条由碳素工具钢制成，如 T10A 钢，并经过淬火处理。常用的锯条长 300 mm，宽 12 mm，厚 0.8 mm。锯齿的形状和锯齿的排列如图 6-23 所示。

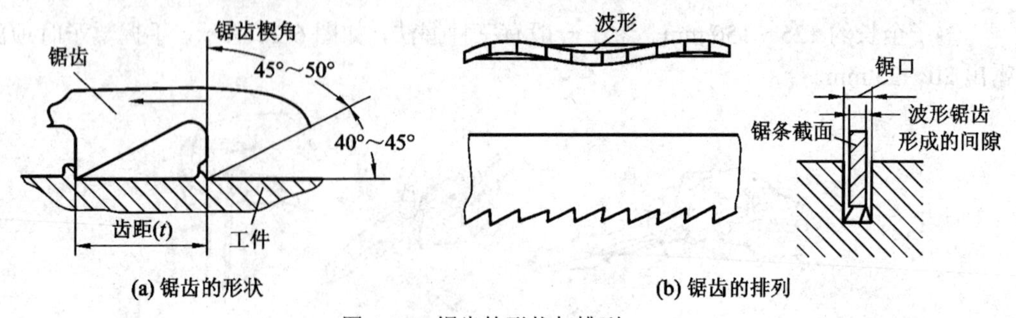

(a) 锯齿的形状　　(b) 锯齿的排列

图 6-23　锯齿的形状与排列

锯条以25 mm长度所含齿数多少，分为粗齿、中齿、细齿三种：14～16齿为粗齿；18～22齿为中齿；24～32齿为细齿。使用时应根据加工材料的硬度和厚薄来选择。粗齿锯条适宜锯切铜、铝等软金属及厚的工件，中齿锯条适宜锯切普通钢、铸铁及中等厚度的工件，细齿锯条适宜锯切硬钢、板料及薄壁管子等。

2. 锯削操作步骤

1) 选择锯条

根据加工工件材料的硬度和厚度选择合适的锯条。

2) 安装锯条

安装锯条时，将锯齿朝前装夹在锯弓上，保证锯弓前推时为切削；锯条松紧要适当，过紧或过松均易造成锯切时锯条折断。

3) 装夹工件

工件应尽可能装夹在台虎钳的左边，以免锯切操作过程中碰伤左手。工件伸出要短，以增加工件刚性，避免锯切时颤动。

4) 起锯和锯切

起锯时锯条垂直于工件表面，并用左手拇指靠住锯条，右手稳推手锯，起锯角度略小于15°，如图6-24(a)所示。锯弓往复行程要短，压力要小，锯出锯口后，锯弓逐渐改变到水平方向。

锯切时，右手握锯柄，左手轻扶弓架前端，锯弓应直线往复运动，不可左右摆动，如图6-24(b)所示。前推进行切削，要均匀加压；返回时锯条从工件上轻轻滑过。锯切速度不宜过快，一般为每分钟往返30～60次，并尽量使用锯条全长(至少占全长2/3)工作，以免锯条中部迅速磨损，快锯断时，用力要轻，速度要慢，以免碰伤手臂或折断锯条。锯切钢件可加机油润滑，以提高锯条使用寿命。

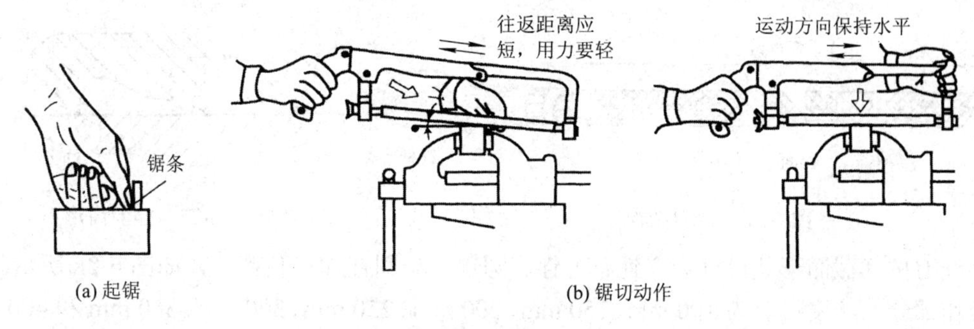

(a) 起锯　(b) 锯切动作

图6-24　锯切方法

5) 锯削方法

锯切圆钢、扁钢、圆管、薄板的方法如图6-25所示。为了得到整齐的锯缝，锯切扁钢

应在较宽的面下锯；锯切圆管不可从上至下一次锯断，而应每锯到内壁后工件向推锯方向转一定角度再继续锯切，直到锯断为止；锯切薄板时，为防止薄板振动和变形，应先将薄板夹持在两木板之间或将薄板多片叠在一起，然后再进行锯切。

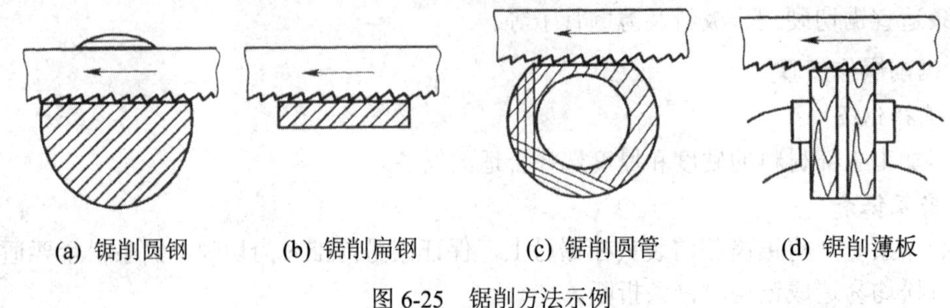

(a) 锯削圆钢　(b) 锯削扁钢　(c) 锯削圆管　(d) 锯削薄板

图 6-25　锯削方法示例

6.3.3 锉削

锉削是用锉刀对工件表面进行加工的操作。锉削加工操作简单，工作范围广，它可以加工平面、曲面、沟槽及各种形状复杂的表面。其加工精度可达 IT8～IT7，表面粗糙度 *Ra* 值可达 1.6～0.8 μm。

1. 锉刀

1) 锉刀的构造和种类

锉刀是锉削时使用的工具，常用碳素工具钢制成，如 T12 A 钢或 T13 A 钢，并经过淬火处理。锉刀的结构如图 6-26 所示，它由工作部分和锉柄两部分组成。锉削工作是由锉面上的锉齿完成的，锉齿的形状如图 6-27 所示，锉刀的齿纹多制成双纹，以便锉削省力，不易堵塞锉面。

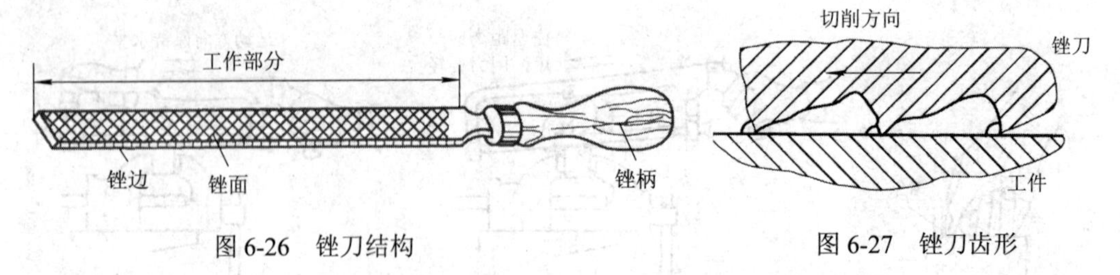

图 6-26　锉刀结构　　图 6-27　锉刀齿形

锉刀按其截面形状可分为平锉、方锉、圆锉、半圆锉和三角锉等，如图 6-28 所示。按其工作部分的长度可分为 100 mm、150 mm、200 mm、250 mm、300 mm、350 mm 和 400 mm 等七种。

锉刀按其齿纹的形式可分为单齿纹锉刀和双齿纹锉刀；按每 10mm 长度锉面上的齿数又可分为粗齿锉(4～12 齿)、中齿锉(13～24 齿)、细齿锉(30～40 齿)和油光锉(50～62 齿)。

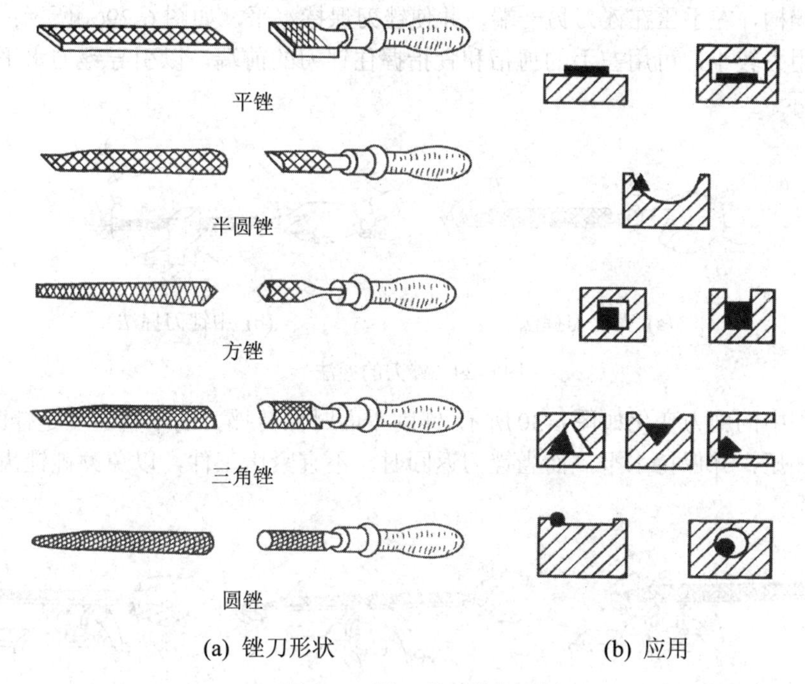

(a) 锉刀形状 (b) 应用

图 6-28 锉刀的形状和应用

2) 锉刀的选用

锉刀的长度根据工件加工表面的大小选用，锉刀的断面形状根据工件加工表面的形状选用，锉刀齿纹粗细的选用要根据工件材料、加工余量、加工精度和表面粗糙度等情况综合考虑。一般粗加工和有色金属的加工多选用粗齿锉刀，粗锉后的加工和钢、铸铁等材料多选用中齿锉刀，锉光表面或锉硬材料选用细齿锉刀，精加工时修光表面用油光锉。

2. 锉削操作

1) 工件装夹

工件必须牢固地装夹在台虎钳钳口的中部，并略高于钳口。夹持已加工表面时，应在钳口与工件之间垫以铜片或铝片。容易变形和不便于直接装夹的工件，可以采用其他辅助材料设法装夹。

2) 锉刀选择

应根据加工工件材料的软硬、加工表面的大小、加工表面的形状、加工余量和工件表面粗糙度等要求来选择锉刀。

3) 锉削方法

锉削时，必须正确掌握锉刀的握法以及锉削过程中的施力变化，使用大型锉刀时，应

用右手握住锉柄，左手压在锉刀另一端，并使锉刀保持水平，如图 6-29(a)所示；使用中型锉刀时，因用力较小，可用左手的拇指和食指握住锉刀的前端，以引导锉刀水平移动，如图 6-29(b)所示。

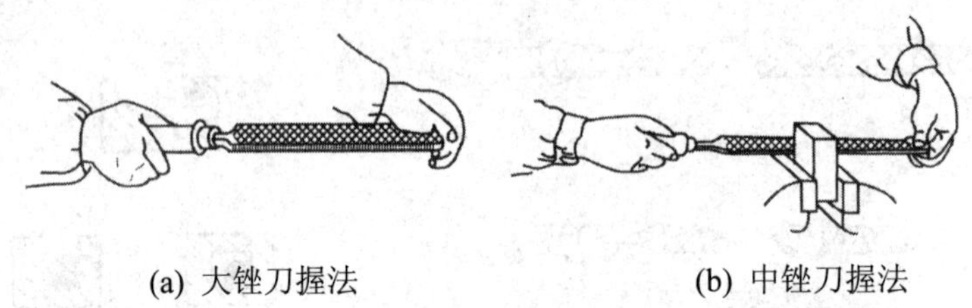

(a) 大锉刀握法　　(b) 中锉刀握法

图 6-29　锉刀的握法

锉削过程中的施力变化如图 6-30 所示。锉削平面时保持挫刀的平直运动是锉削的关键；锉刀前推时加压，并保持水平，而当锉刀返回时，不宜紧压工件，以免磨钝锉齿和损坏已加工表面。

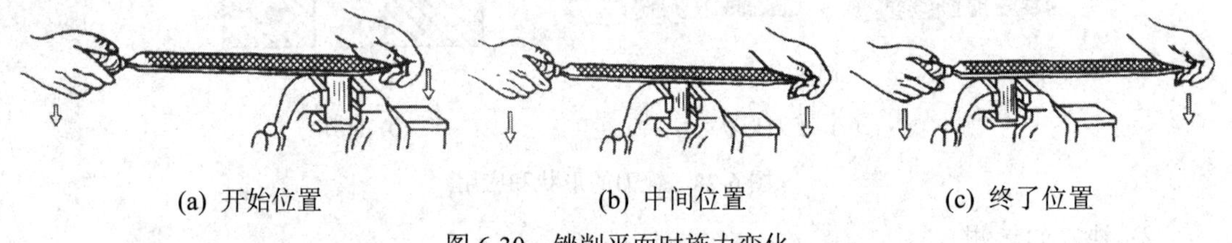

(a) 开始位置　　(b) 中间位置　　(c) 终了位置

图 6-30　锉削平面时施力变化

4) 锉削姿势

锉削时的姿势如图 6-31 所示。

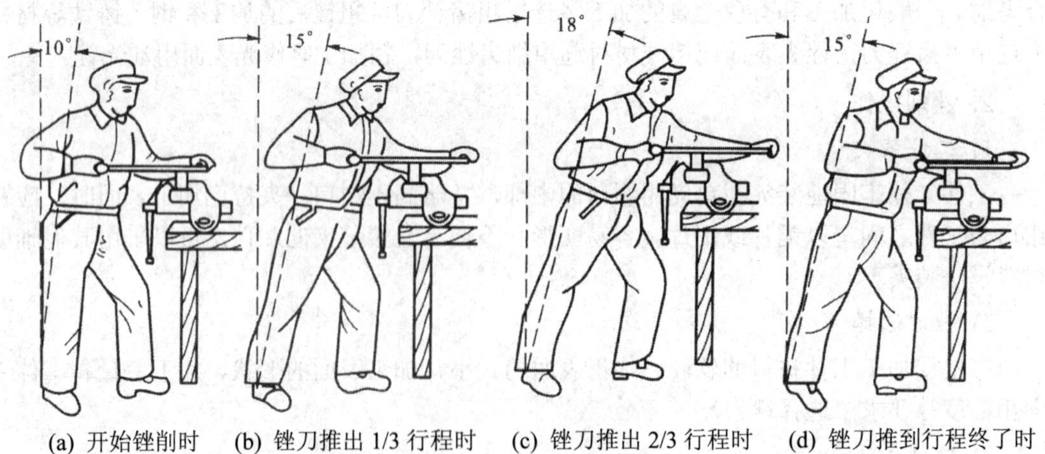

(a) 开始锉削时　(b) 锉刀推出 1/3 行程时　(c) 锉刀推出 2/3 行程时　(d) 锉刀推到行程终了时

图 6-31　锉削姿势

5) 锉削方式

常用的锉削方式有顺锉法、交叉锉法、推锉法和滚锉法。前三种锉法用于平面锉削，后一种用于曲面锉削。

(1) 平面锉削方法。交叉锉法适用于粗锉较大的平面，如图 6-32(a)所示。由于锉刀与工件接触面增大，所以不仅锉得快，而且可以根据锉痕判断加工部分是否锉到尺寸。平面基本锉平后，可以用顺锉法进行锉削，如图 6-32(b)所示，以降低工件表面粗糙度值，并获得正直的锉纹，因此顺向锉一般用于最后的锉平或锉光。推法适用于锉削狭长平面或使用细锉或油光锉进行工件表面最后的修光，如图 6-32(c)所示。

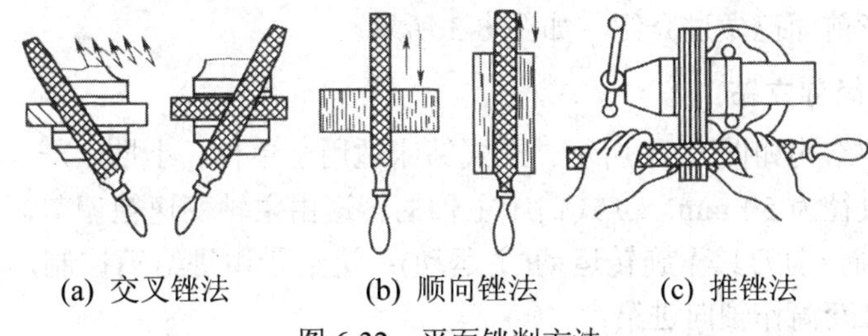

(a) 交叉锉法　(b) 顺向锉法　(c) 推锉法

图 6-32　平面锉削方法

(2) 曲面锉削方法。滚锉法适用于锉削工件内、外圆弧面，如图 6-33 所示。锉削外圆弧面时，锉刀除向前运动外，还要沿工件被加工圆弧摆动；锉削内圆弧面时，锉刀除向前运动外，锉刀本身还要作一定的旋转运动和向左或向右移动。

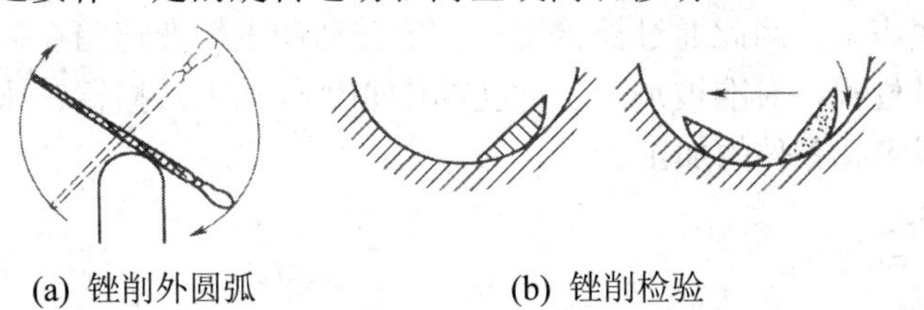

(a) 锉削外圆弧　(b) 锉削检验

图 6-33　曲面锉削方法

锉削后，工件的尺寸常用钢尺或游标卡尺测量，平直度和垂直度可用直角尺检查，如图 6-34 所示。

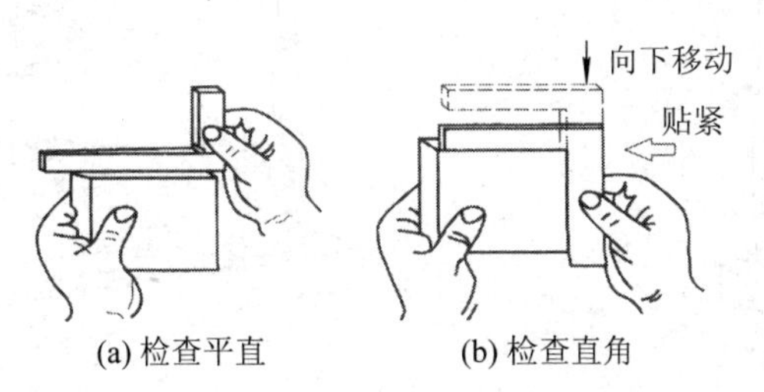

(a) 检查平直　(b) 检查直角

图 6-34　锉削检验

6.4 孔 加 工

6.4.1 钻床

钳工的孔加工操作一般多在钻床上进行。钻床种类很多，常用的有台式钻床、立式钻床和摇臂钻床。

1. 台式钻床(简称台钻)

台式钻床本章前面已做过介绍，如图 6-3 所示。

2. 立式钻床(简称立钻)

立钻的外形和结构如图 6-35 所示。立式钻床适用于单件、小批生产，中小型工件的孔加工，最大钻孔直径为 50 mm。立式钻床主轴的转速由主轴变速箱调节，刀具安装在主轴的锥孔内，由主轴带动刀具作旋转运动(主运动)；进给量由进给箱控制，进给运动可以用手动或机动使主轴套筒作轴向进给。

3. 摇臂钻床

摇臂钻床的外形和结构如图 6-36 所示。这种钻床有一个能绕立柱旋转的摇臂，摇臂带着主轴变速箱可沿立柱上下移动，同时主轴变速箱能在摇臂的导轨上横向移动。工件固定安装在工作台或底座上，因此通过摇臂绕立柱的转动和主轴变速箱在摇臂上的移动，可以很方便地调整刀具位置，对准被加工工件孔的中心进行加工。摇臂钻床主要应用在大中型零件、复杂零件或多孔零件的加工。

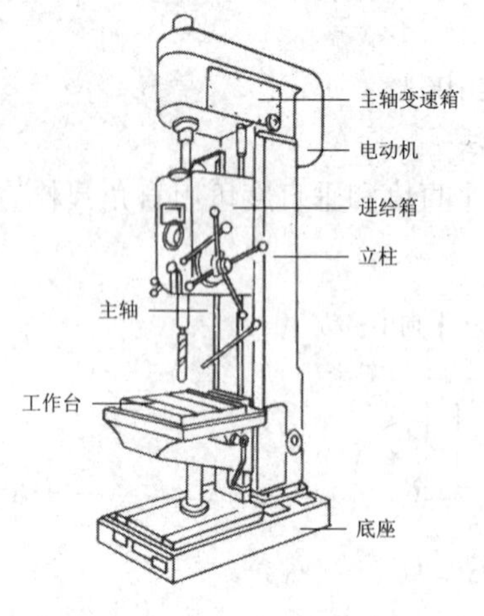

图 6-35　立式钻床

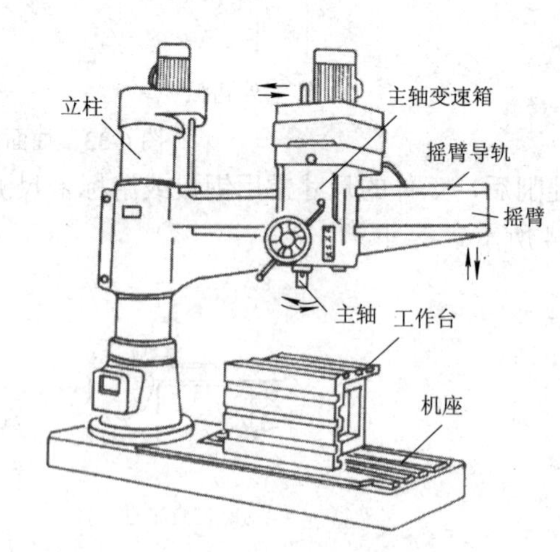

图 6-36　摇臂钻床

6.4.2 孔加工用夹具

孔的机械加工工艺过程是在通用或专用设备保证下，用金属切削方法逐步切去余量，使孔的精度和表面质量逐步提高，最终达到设计要求的过程。

为了保证工件的加工质量和操作安全，加工孔时，工件必须牢固地装夹在夹具或钻床工作台上。通常根据工件的大小和结构特点，采取不同的夹具和装夹方法，如图 6-37 所示。

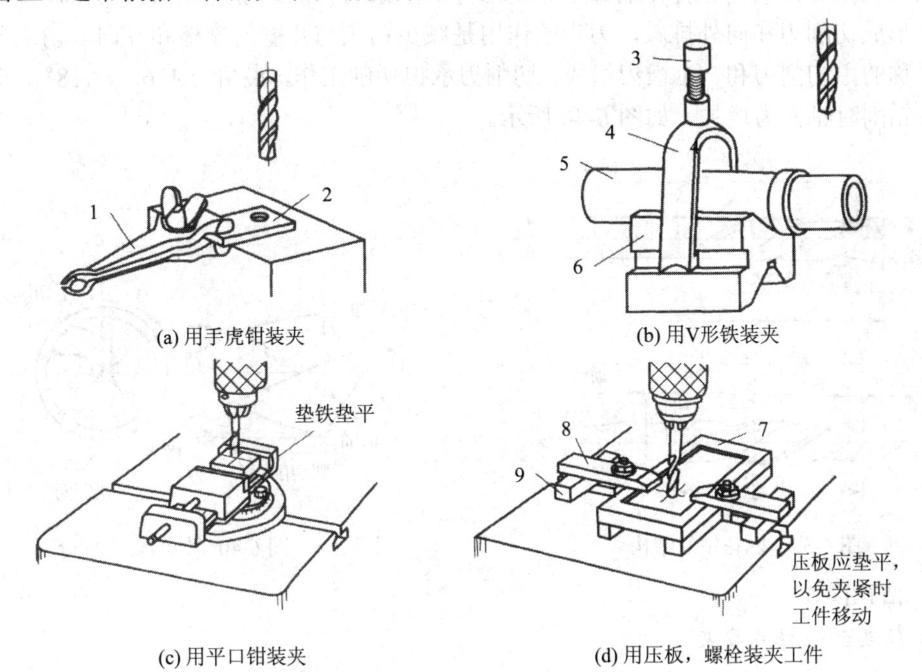

1—手虎钳；2—工件；3—压紧螺栓；4—弓架；5—工件；6—V形铁；7—工件；8—压板；9—垫铁

图 6-37 孔加工夹具和装夹方法

6.4.3 钻孔

钻孔是用钻头在实体材料上加工出孔的方法。在钻床上钻孔，工件固定不动，装夹在主轴上的钻头既作旋转运动(主运动)，同时又沿轴线方向向下移动(进给运动)，如图 6-38 所示。钻孔时，由于钻头刚性较差，钻削过程中排屑困难，散热不好，导致加工精度低，尺寸公差等级一般为 IT14～IT11，表面粗糙度 Ra 值为 50～12.5 μm。

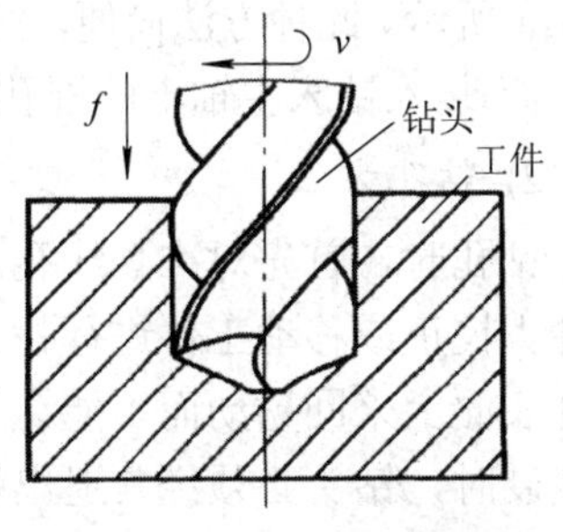

图 6-38 钻孔及钻削运动

1. 麻花钻的结构

麻花钻是钻孔最常用的刀具，常用高速钢或碳素工具钢制造。麻花钻的结构如图 6-39 所示，它由柄部、颈部、导向部分和切削部分组成。柄部是用来夹持并传递转矩的，钻头直径小于 12 mm 时制成直柄，钻头直径大于 12 mm 时制成锥柄。颈部是柄部和工作部分的连接部分，是在加工制造钻头过程中作为退刀槽用，在颈部标有钻头的直径、材料等标记。直柄钻头无颈部，其标记打在柄部。导向部分有两条对称的螺旋槽和两条刃带，螺旋槽的作用是形成切削刃和向外排屑，刃带的作用是减少钻头与孔壁的摩擦和导向。切削部分由两个对称的主切削刃和一个横刃组成，切削刃承担切削工作，夹角为 116°～118°，横刃的存在使钻削时轴向力增加，如图 6-40 所示。

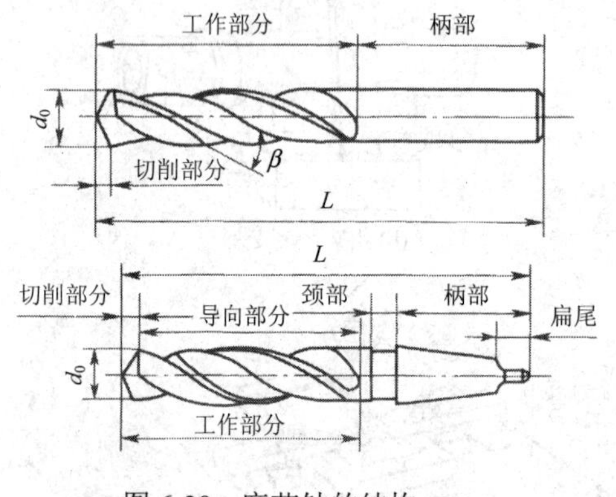

图 6-39　麻花钻的结构

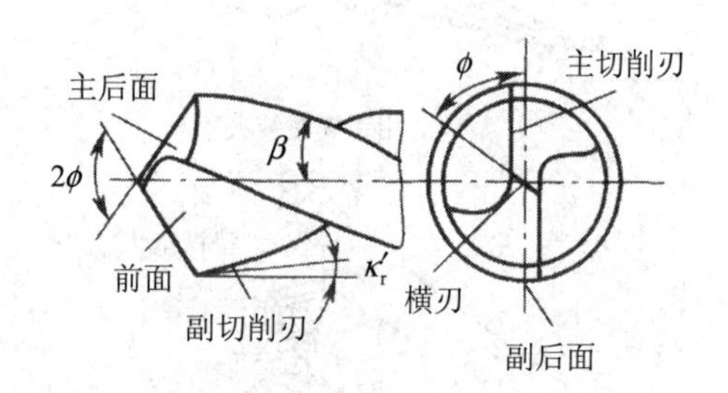

图 6-40　钻的切削部分

2. 钻孔操作

1) 钻头的选择与安装

根据加工零件孔径大小选择合适的钻头。钻头用钻夹头或钻套进行安装，再固定在钻床主轴上使用。

钻头的安装视其柄部的形状而定，直柄钻头用钻夹头装夹，再用紧固扳手拧紧，如图 6-41(a)所示。此种方法简便，夹紧力小，易产生跳动、滑钻。锥柄钻头可直接或通过钻套(过渡套筒)装入钻床主轴上的锥孔内，如图 6-41(b)所示。此种方法配合牢固，同心度高。

2) 钻孔方法

钻孔时，首先对准划线孔的中心，试钻一小窝，若发现孔中心有偏移，可用样冲将中心冲大校正或移动工件进行找正。钻削开始时，要用较大的力向下均匀进给，以免钻头在工件表面上来回晃动而不能切入；临近钻透时，压力要逐渐减小。钻削深孔或被钻零件材料较硬时，钻头必须经常退出排屑和冷却，同时要使用冷却润滑液，否则，容易造成切屑堵塞在孔内或使钻头切削部分过热，造成钻头快速磨损和折断。

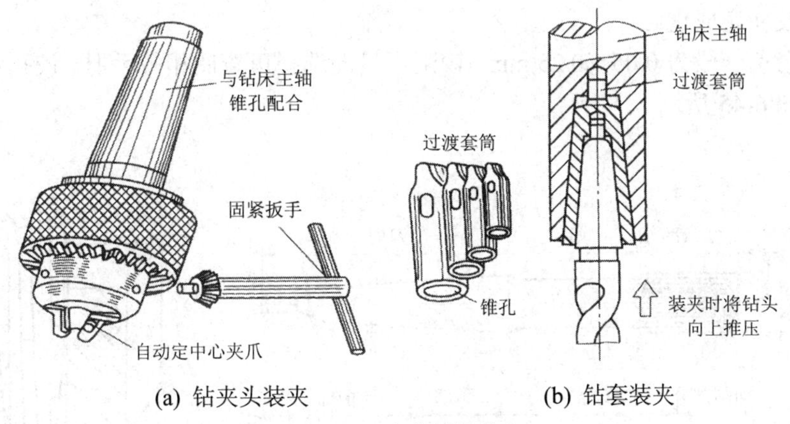

(a) 钻夹头装夹　　(b) 钻套装夹

图 6-41　麻花钻的装夹

6.4.4　扩孔和铰孔

扩孔是用扩孔钻在工件上把已经存在的孔径进一步扩大的切削加工方法。扩孔钻如图 6-42 所示，与麻花钻相比，扩孔钻有 3～4 个切削刃，无横刃，刚性和工作导向性好，所以扩孔比钻孔质量高，扩孔的加工精度一般为 IT10～IT9，表面粗糙度 *Ra* 值为 6.3～3.2 μm。

扩孔可以作为要求不高的孔的最终加工，也可作为铰孔前的预加工，属孔的半精加工方法。扩孔余量一般为 0.5～4 mm，扩孔时的切削用量选择可查阅相关手册。

在机床上扩孔及其切削运动的情况如图 6-43 所示。

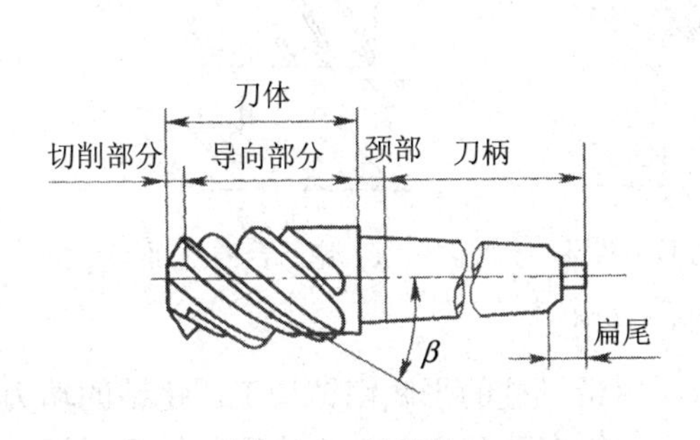

图 6-42　扩孔钻

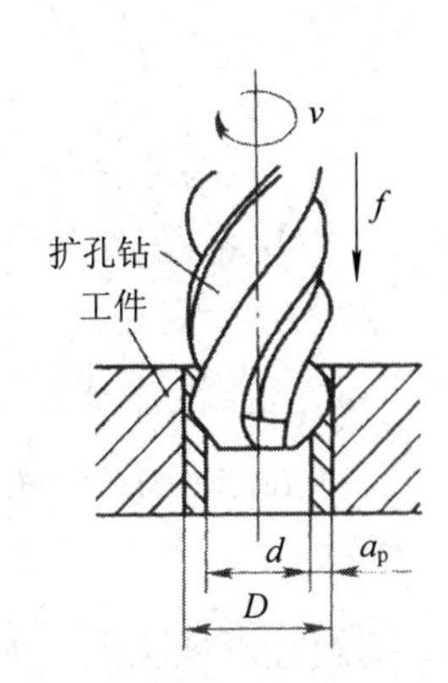

图 6-43　扩孔及扩孔运动

铰孔是用铰刀对孔进行精加工的切削加工方法，铰孔加工精度可达 IT8～IT6，表面粗糙度 *Ra* 值可达 1. 6～0.4 μm。

铰刀分为机用铰刀和手用铰刀两种，如图 6-44 所示。机用铰刀切削部分较短，柄部多为锥柄，须安装在机床上进行铰孔。手用铰刀切削部分较长，导向性较好。手铰孔时，须

用手转动铰杠完成进给。

铰孔余量一般为 0.05～0.25 mm，铰削用量的选择可查阅相关手册。铰孔及其切削运动的情况如图 6-45 所示。

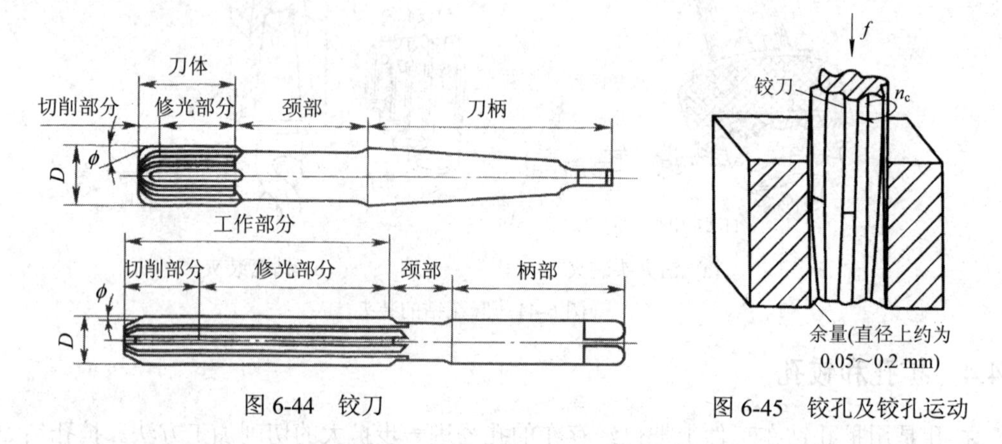

图 6-44　铰刀　　　　图 6-45　铰孔及铰孔运动

6.4.5　锪孔与锪平面

在孔口表面用锪钻加工出一定形状的孔或凸台平面，称为锪削，锪削分锪孔和锪平面，如图 6-46 所示。

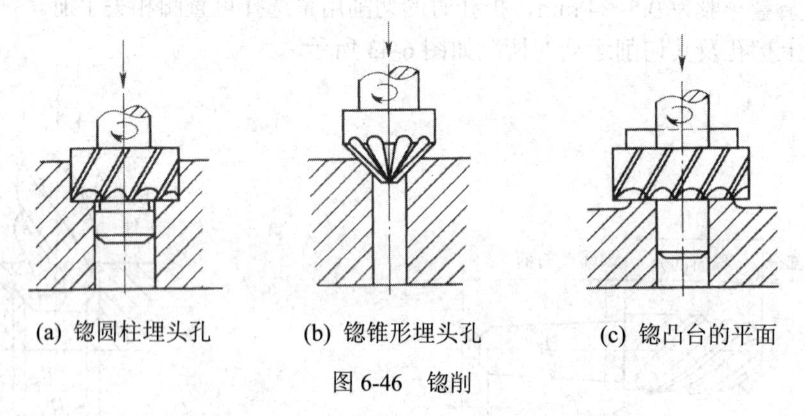

(a) 锪圆柱埋头孔　　(b) 锪锥形埋头孔　　(c) 锪凸台的平面

图 6-46　锪削

(1) 锪圆柱形埋头孔：如图 6-46(a)所示，用带导柱的平底锪钻加工，锪钻的端刃起主要切削作用，周刃作为副刃起修光作用，导柱与原有孔配合起定心作用，保证了埋头孔与原有孔同轴度要求。

(2) 锪锥形埋头孔：如图 6-46(b)所示，用外锥面锪钻加工，锥面锪钻有 60°、90°、120°等几种形式，其中 90° 锥面锪钻应用最广。

(3) 锪平面：如图 6-46(c)所示，锪孔端平面时采用带导柱的平底锪钻，可以保证锪出的平面与孔轴线垂直。

6.4.6　攻螺纹与套螺纹

1. 攻螺纹

用丝锥加工出内螺纹的方法称为攻螺纹。

1) 丝锥

丝锥是攻螺纹的专用刀具，分为机用丝锥和手用丝锥两种。两种丝锥基本尺寸相同，只是制造材料不同。机用丝锥一般由高速钢制成，可以在机床上对工件进行攻螺纹。手用丝锥是由碳素工具钢 T12A 或合金工具钢 9CrSi 制成，如图 6-47 所示。它由工作部分和柄部构成，柄部装入铰杠传递扭矩，对工件进行攻螺纹。手用丝锥一般由 2～3 支组成一套，分别称为头锥、二锥及三锥。三支丝锥的外径、中径和内径均相等，只是切削部分的长短和锥角不同，攻螺纹时依次使用。

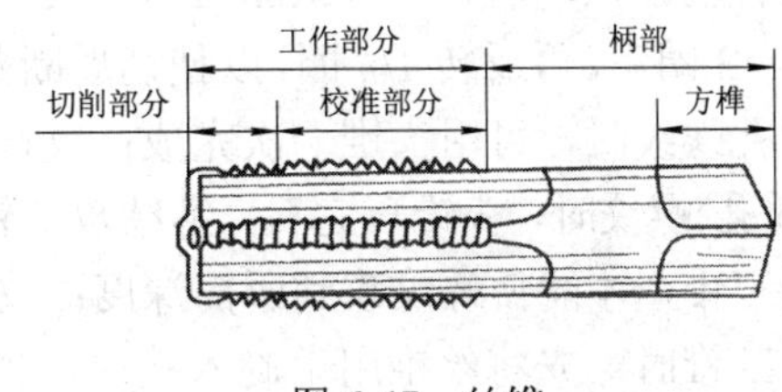

图 6-47　丝锥

2) 攻螺纹操作

(1) 确定螺纹底孔直径和深度。用丝锥在对金属进行切削时，伴随着严重的挤压作用，结果会导致丝锥被咬住，发生卡死崩刃，甚至折断。所以，螺纹底孔直径要略大于螺纹的小径，同时还要根据不同材料确定螺纹底孔直径和深度，对此可查阅有关手册或按下列经验公式计算：

对于脆性材料(如铸铁)：

$$d_0 = D - (1.05 \sim 1.10)\,p$$

对于塑性材料(如钢)：

$$d_0 = D - p$$

式中：d_0——钻头直径(即螺纹底孔直径)，mm；

D——螺纹大径，mm；

p——螺距，mm。

攻盲孔(不通孔)螺纹时，因丝锥不能攻到底，所以钻孔的深度要大于螺纹长度，钻孔深度取螺纹长度加上 $0.7D$。

(2) 钻底孔并倒角。钻底孔后要对孔口进行倒角。倒角有利于丝锥开始切削时切入，并可避免孔口螺纹受损。其倒角尺寸一般为$(1 \sim 1.5)\,p \times 45°$。

(3) 攻螺纹方法。手用丝锥需用铰杠夹持进行攻螺纹操作，如图 6-48 所示。攻螺纹时，先将丝锥垂直插入孔内，然后用铰杠轻压旋入 1～2 圈，目测或用直角尺在两个方向上检查丝锥与孔端面的垂直情况，若丝锥与孔端面不垂直，应及时纠正。

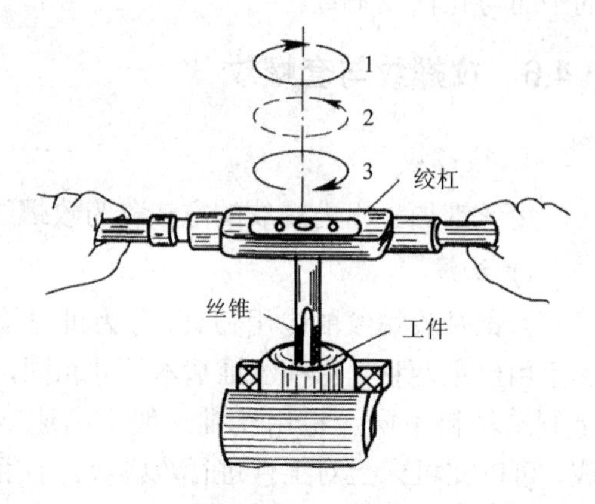

图 6-48 攻螺纹

当丝锥切削部分全部切入后，用双手平稳地转动铰杠，这时不可施加压力，铰杠每转 1～2 圈后，再反转 1/4 圈，以使切屑断落。攻通孔螺纹时，可用头锥一次完成；攻盲孔(不通孔)螺纹时，头锥攻完后，继续攻二锥，甚至三锥，才能使螺纹攻到所需深度；攻二锥、三锥时，先将丝锥用手旋入孔内，当旋不动时再用铰杠转动，此时无需加压。为了提高工件质量和丝锥寿命，攻钢件螺纹时应加机油润滑，攻铸铁件可加煤油。

2. 套螺纹

用板牙加工出外螺纹的方法称为套螺纹。

1) 板牙

板牙是加工和校准外螺纹用的标准螺纹刀具，可分为固定式板牙和可调式板牙，如图 6-49 所示。

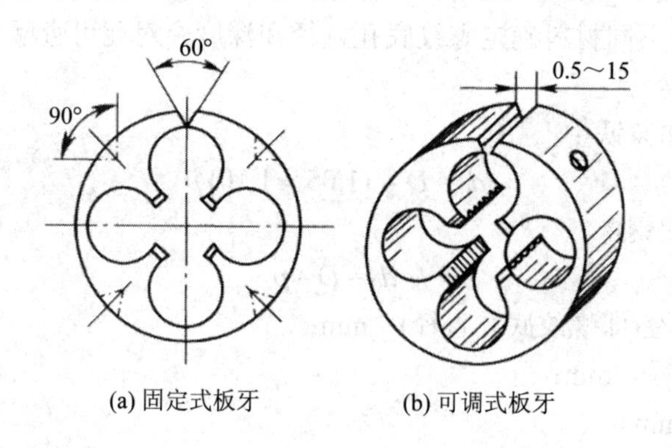

(a) 固定式板牙　　(b) 可调式板牙

图 6-49 板牙

2) 套螺纹前圆杆直径的确定

圆杆直径的尺寸太大套螺纹困难，尺寸太小套出的螺纹牙齿不完整。因此套螺纹前圆杆直径的确定可查阅相关手册或按下列经验公式计算：

$$d_0 = D - 0.13p$$

式中：d_0——圆杆直径，mm；

D——螺纹大径，mm；

p——螺距，mm。

为利于板牙对准工件中心并易于切入，圆杆直径按尺寸要求加工好以后，要将圆杆端头倒成小于60°。

3) 套螺纹方法

套螺纹时，板牙需用板牙架夹持并用螺钉紧固，如图6-50所示，圆杆伸出钳口的长度应尽量短一些。套螺纹时，板牙端面必须与圆杆轴线保持垂直，开始转动板牙架，要适当施加压力。当板牙切入圆杆后，只要均匀旋转，为了断屑，要经常反转，套螺纹的操作与攻螺纹相似。为了提高工件质量和板牙寿命，钢件套螺纹要加切削液。

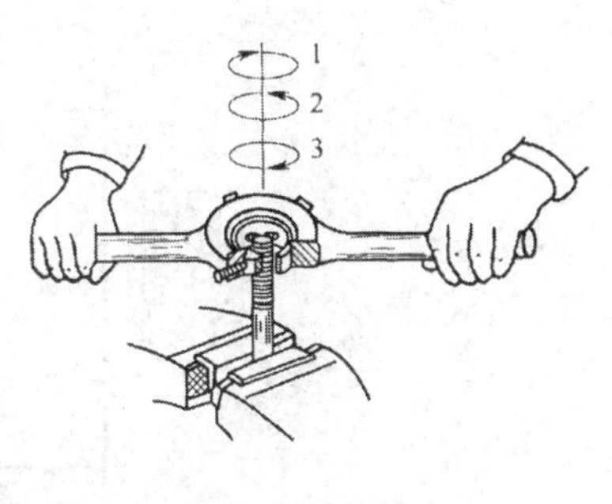

图6-50 套螺纹

6.5 钳工工艺实训

钳工加工，首先应研究零件图样，充分理解零件的结构和技术要求；然后根据零件的结构特点、技术要求以及现有的生产条件和生产类型，综合考虑各种因素对加工质量、加工的可行性及经济性的影响；最后确定合理的加工工艺方案。

在选择加工工序时，要考虑相邻工序之间的关系及相互影响等。一般情况下，粗加工工序在前，精加工工序在后，而且在前道工序加工中，要给后道工序留有足够的加工余量，只有这样，才能制订出比较合理的钳工加工工艺。

项目一：锯锉削长方体

1. 实训目标及要求

(1) 巩固提高平面的锉削技能，并使其能达到一定的精度要求。

(2) 正确使用游标卡尺和千分尺测量工件。

(3) 正确使用角尺检查工件的垂直度。

2. 课前准备

(1) 设备：台虎钳、钳台。

(2) 工(量)具：游标卡尺、千分尺(50～75 mm、75～100 mm)、钢板尺、板锉(粗、中、细)、90°角尺、手锯、高度尺等。

(3) 材料：毛坯料。

3. 新课指导

1) 工件图的分析

分析工件图，讲解相关工艺，工件图如图 6-51 所示。

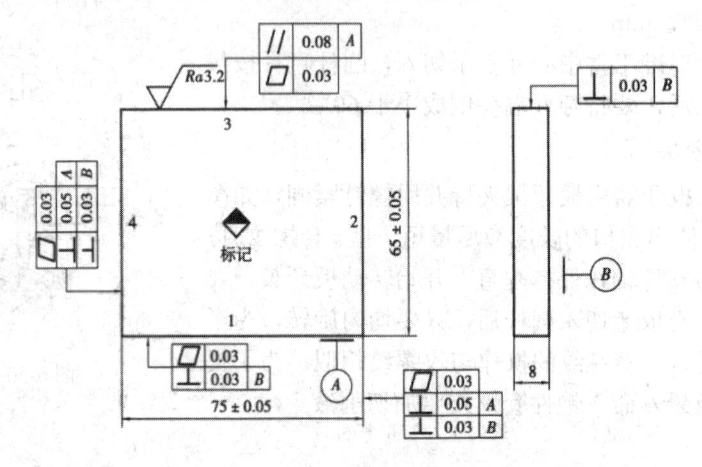

图 6-51　长方体零件图

(1) 尺寸公差等级：锉削长方形工件，使其长度和高度方向上分别达到的精度为 IT8 级，见图 6-51 中的形位公差标注所示。

(2) 行位公差：使其达到图 6-51 中形位公差标注所示。

2) 具体的加工步骤

(1) 备料：备 80 mm × 80 mm × 8 mm(±0.1)的低碳结构钢材料，打上标记。

(2) 加工基准面 *A*，用锉刀锉削基准面 *A*，使其平面度公差值达到 0.03 mm，与大平面的垂直度公差值达到 0.03 mm。

(3) 加工面 2，用锉刀锉削平面 2，使其平面度公差值达 0.03mm，与其基准面 *A* 的垂直度公差达 0.05 mm，与大平面垂直度公差达 0.03 mm。

(4) 高度尺划线：分别以 1、2 面为基准用高度尺划出尺寸为 65 mm、75 mm 锯削用线。

(5) 加工平面 3：锯削高度为 65 mm 尺寸时留 0.5～1 mm 余量，然后锉削，使其平面度公差值达 0.03 mm，与基准面 *B* 垂直度公差值达 0.03 mm，与基准面 *A* 的平行度公差值达 0.08 mm，保证尺寸 65 ± 0.05 mm。

(6) 加工平面 4：锯削长度为 75 mm 尺寸留 0.5～1 mm 的加工余量，然后锉削面，使其平面度公差值达 0.03 mm，与基准面 *A* 的垂直度公差值为 0.05 mm，与大平面 *B* 的垂直度公差值达 0.03 mm，保证尺寸 75 ± 0.05 mm。

(7) 去毛刺，检查尺寸。

(8) 交件。

4. 注意事项

(1) 加工前，应对来料进行全面检查，了解加工余量，然后加工。

(2) 重点还应放在养成正确的锉削姿势，要达到姿势正确、自然。

(3) 加工平面，必须基准面达到要求后再进行；加工垂直面，必须在平行面加工好后进行。

(4) 检查垂直度时，要注意角尺从上向下移动的速度、压力不要太大，否则尺座的测量面离开工件基准面，会导致测量不准。

(5) 在接近加工面要求时，不要过急，以免造成平面的塌角、不平现象。

(6) 工(量)具要放在规定部位，使用时要轻拿轻放，做到安全文明生产。

项目二：锯锉削直角阶梯

1. 实训目标及要求

(1) 巩固锉锯的技能，达到一定的精度要求。

(2) 初步掌握内直角的加工测量方法。

2. 课前准备

(1) 设备：台虎钳、平台。

(2) 工(量)具：手锯、板锉(粗、中、细)、游标卡尺、千分尺(25～50 mm、50～75 mm)、高标尺、钢板尺、90° 角尺、刀口尺。

(3) 材料：毛坯件。

3. 新课指导

1) 工件图的分析

分析工件图，讲解相关工艺，工件图如图 6-52 所示。

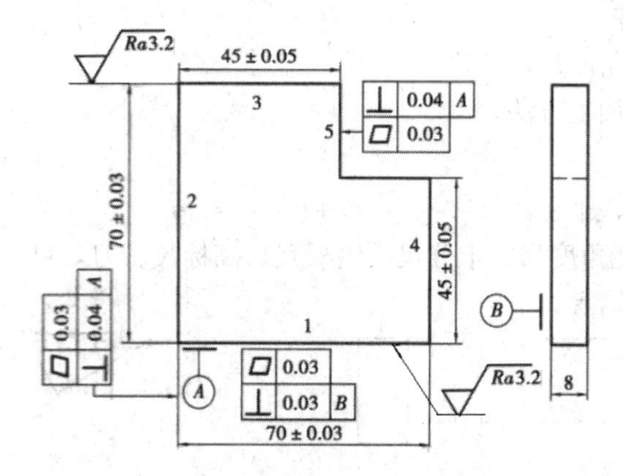

图 6-52　直角阶梯零件图

(1) 尺寸公差等级：加工如图 6-52 所示工件，使其尺寸公差等级达到 IT8 级。

(2) 形位公差：使其达到图 6-52 中形位公差标注所示。

2) 具体步骤

(1) 备料：备 75 mm × 75 mm × 8 mm(± 0.1)的低碳结构钢材料，打上标记。

(2) 加工平面 1：用锉刀锉削基准面 *A*，使其平面度公差值达 0.03 mm，与基准面 *B* 的垂直度公差值达 0.03 mm。

(3) 加工平面 2：用锉刀锉削平面 2，使其平面度公差值达 0.03 mm，与基准面 *A* 的垂直度公差值达 0.04 mm。

(4) 用工(量)具划线：以面 1 为基准分别划尺寸为 70 mm、45 mm 的线条，以面 2 为基准分别划尺寸为 70 mm、45 mm 的线条。

(5) 加工平面 3：分别用锯、锉加工平面 3，保证尺寸 70 ± 0.30 mm。

(6) 加工平面 4：分别用锯、锉加工平面 4，保证尺寸 70 ± 0.30 mm。

(7) 加工右上内直角：锯削右上内直角，然后粗、精锉两垂直面，保证两个尺寸为 45 ± 0.05 mm，两平面成 90° 角，使平面 5 的平面度公差值达 0.03 mm，与基准面 *A* 的垂直度公差值达 0.04 mm。

(8) 去毛刺，检查尺寸，打钢印号。

(9) 交件。

4. 注意事项

(1) 直角尺、千分尺的正确使用。

(2) 内直角清角彻底。

(3) 安全文明操作。

项目三：锯锉削六方体

1. 实训目标及要求

(1) 正确使用万能角度尺。

(2) 掌握角度件的加工方法。

2. 课前准备

(1) 设备：台虎钳、平台。

(2) 工(量)具：万能角度尺、千分尺、钢板尺、高标尺、刀口尺、90° 角尺、游标卡尺、板锉(粗、中、细)、手锯等。

(3) 材料：毛坯件。

3. 新课指导

1) 工件图的分析

分析工件图、讲解相关的工艺知识：工件图如图 6-53 所示。

(1) 公差等级：加工如图 6-53 所示工件，使其尺寸公差等级达 IT8 级。

(2) 形位公差：加工如图 6-53 所示的工件，使其六个棱面的平面度公差值达 0.04 mm，六个棱面与大平面 *B* 的垂直度公差值达 0.04 mm。

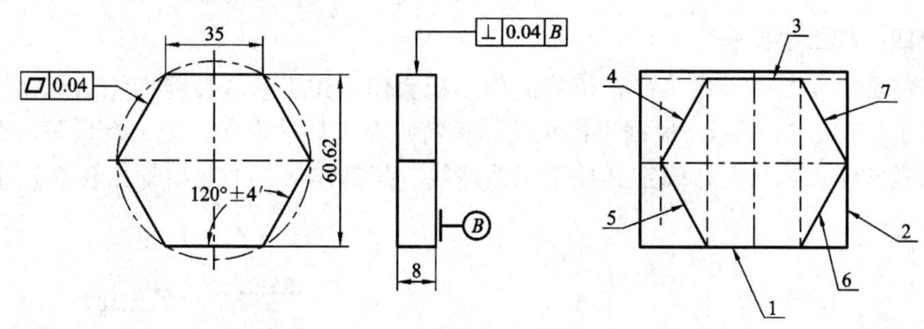

图 6-53 六棱柱零件图

2) 具体的操作步骤

(1) 备料：备 80 mm × 75 mm × 8 mm(±0.1)的低碳结构钢材料，打上标记。

(2) 加工平面 1：用锉刀锉削平面 1，使其平面度公差值达 0.04 mm，与大平面 *B* 的垂直度公差值达 0.04 mm。

(3) 加工 2 面：用锉刀锉削平面 2，使其平面度公差值达 0.04 mm，与大平面 *B* 的垂直度公差值达 0.04 mm，并且与面 1 垂直。

(4) 划线条：分别以面 1 和面 2 为基准，划出图 6-53 所示的所有线条。

(5) 加工平面 3：使其平面度公差值达 0.04 mm，与大平面 *B* 的垂直度公差值达 0.04 mm，且与面 1 保持平行。

(6) 加工平面 4：使其平面度公差值达 0.04 mm，与大平面 *B* 的垂直度公差值达 0.04 mm，面 4 与面 3 的夹角为 120°。

(7) 加工平面 5：使其平面度公差值达 0.04 mm，与大平面 *B* 的垂直度公差值达 0.04 mm，面 5 与面 4 的边长相等且夹角为 120°。

(8) 加工平面 6：使其平面度公差值达 0.04 mm，与大平面 *B* 的垂直度公差值达 0.04 mm，并保证与平面 4 平行且尺寸为 60.62 mm，与平面 1 的夹角是 120°。

(9) 加工平面 7：使其平面度公差值达 0.04 mm，与大平面 *B* 的垂直度公差值达 0.04 mm，并保证与平面 5 平行且尺寸为 60.62 mm，与面 3 的夹角是 120°，并且与平面 6 的边长相等。

(10) 检查尺寸，去毛刺。

(11) 交件。

4. 注意事项

(1) 六个角的加工顺序要正确。

(2) 三组对边要分别平行且相等。

(3) 角度的测量方法要正确。

(4) 遵守相关的操作规程。

项目四：加工小榔头

在目前金工实习中，很多高校仍将制作小榔头作为钳工基本技能训练的综合项目，小榔头零件图如图 6-54 所示。根据小榔头的结构特点及毛坯的形状、加工余量等，结合具体的钳工基本技能训练状况，确定其加工工艺路线。其具体加工工艺步骤如表 6-1 所示。

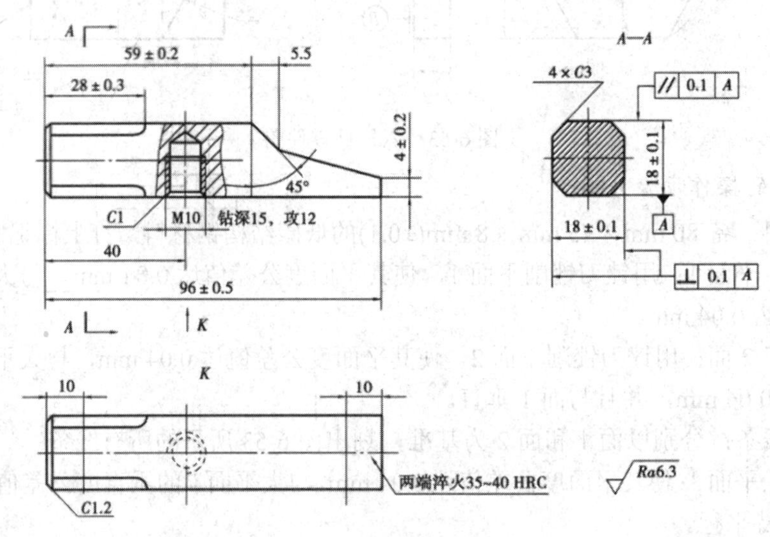

图 6-54　小榔头零件图

表 6-1　小榔头钳工加工步骤

工序号	加工内容	工序简图
1	下料，用 TT 钢 20 mm × 20 mm 的方料，锯下长度 l = 97 mm；用 TT 钢 ϕ10 mm 棒料，锯下长度 l = 225 mm	20±0.5 97±0.5 20±0.5 225
2	锉基准面	97 19 20

续表一

工序号	加工内容	工序简图
3	锉其余5个面，成18×18×96	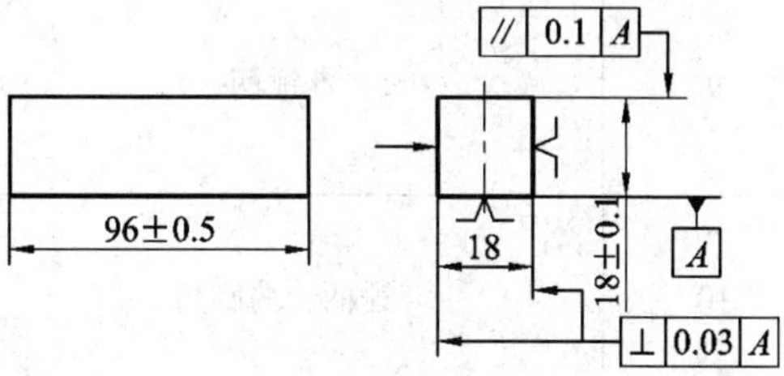
4	划斜面加工线	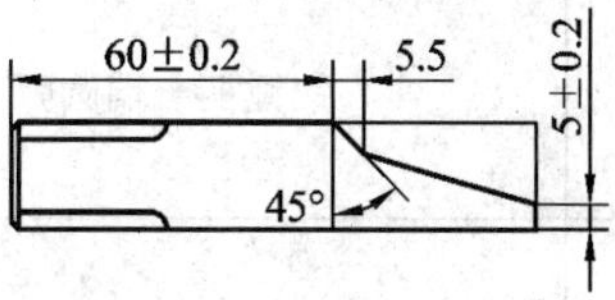
5	锉3×45°、1.2×45°斜面至尺寸要求	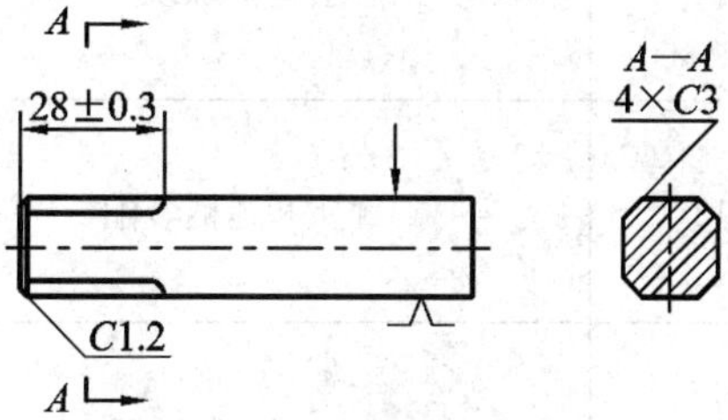
6	锯、锉两大斜面	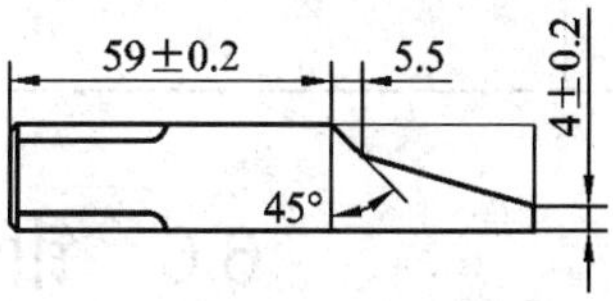
7	钻孔、倒角	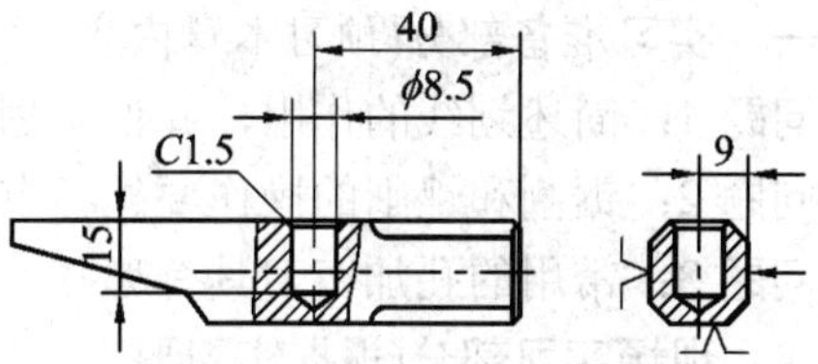
8	攻螺纹	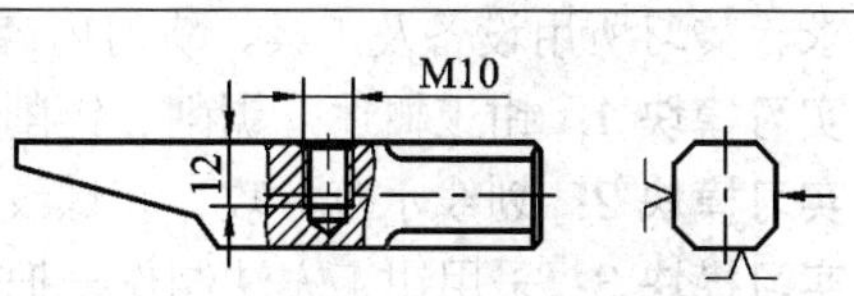

续表二

工序号	加工内容	工序简图
9	锉锤柄	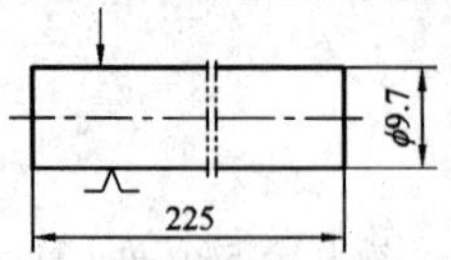
10	锤柄一端倒角	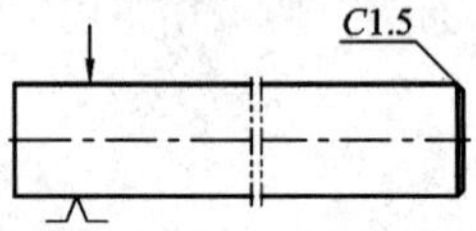
11	锉锤柄一端圆弧	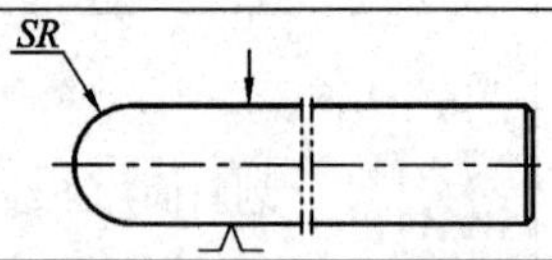
12	套锤柄螺纹	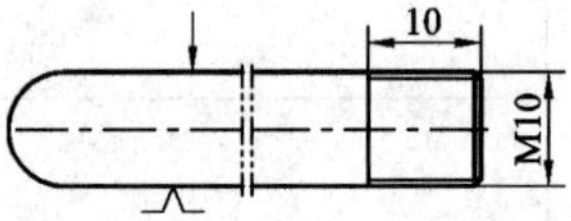
13	锤头和锤柄装配	
14	检验	

6.6　钳工实习报告相关内容

一、实习准备部分(预习本章内容，简要回答以下问题)

问题 1：简述划线的作用，并说明划线常用的工具。

问题 2：锯割和锉削的操作要领各有哪些?

问题 3：常用的孔加工刀具有哪些？简述其各自的特点。

二、现场实习部分(根据实习要求，以实习模块为单位，详细记录每一模块的实习目的和要求、实习所用设备及工具、实习内容等)

实习模块 1：钳工概述，锯削、锉削训练。

实习模块 2：划线示范，攻、套螺纹训练。

实习模块 3：采用钳工方法制作一把创意小榔头，可以是功能创意也可以是样式创意。

第7章　数控加工

7.1　概　述

数控加工是指在数控机床上所完成的加工内容的通称。数控机床(numerical control machine)就是用数字化信息对机床的运动及其加工过程进行控制的机床。具体地说，就是将机床加工过程所需的各种操作(如主轴变速、松夹工件、进刀与退刀、开车与停车、开关切削液等)和步骤以及工件的形状尺寸用数字化代码表示，通过一定的方式将数字信息输入数控装置，对输入的信息进行处理与运算，发出各种控制信号，控制机床的运动，使机床自动加工所需要的工件。

数控机床是电子信息技术和传统机械加工技术结合的产物，集现代精密机械、计算机、通信、液压气动、光电等多学科技术为一体，具有高效率、高精度、高自动化和高柔性的特点，是当代机械制造业的主流装备(美国的数控机床已占机床总数的 80%以上)。数控机床大大提高了机械加工的性能(可以精确加工传统机床无法处理的复杂零件)，有效提高了加工质量和效率，实现了柔性自动化(相对于传统技术基础上的大批量生产的刚性自动化)，并向智能化、集成化方向发展。数控加工技术已成为现代先进制造技术的基础和核心。

7.2　数控车削

7.2.1　数控车床

数控车床能对轴类或盘类等回转体零件自动地完成内、外圆柱面，圆锥面，圆弧面和直、锥螺纹等工序的切削加工，并能进行切槽、钻、扩和铰等工作。它是目前国内使用极为广泛的一种数控机床，约占数控机床总数的 25%。与常规的车削加工相比，数控车削加工对象包括轮廓形状特别复杂或难以控制尺寸的回转体零件、精度要求高的零件、特殊螺纹和蜗杆等螺旋类零件等。

1. 数控车床的组成及布局

1) 数控车床的组成及特点

图 7-1 为 CAK5085 型数控车床外形图。数控车床一般由以下几个部分组成。

图 7-1　CAK5085 型数控车床

(1) 主机：数控车床的机械部件，包括床身、主轴箱、刀架尾座、进给机构等。

(2) 数控装置：数控车床的控制核心，其主体是数控系统运行的一台计算机(包括 CPU、存储器、CRT 等)。

(3) 伺服驱动系统：数控车床切削工作的动力部分，主要实现主运动和进给运动。伺服驱动装置主要有主轴电动机和进给伺服驱动装置(步进电机或交、直流伺服电动机等)。

(4) 辅助装置：指数控车床的一些配套部件，包括液压、气动装置及冷却系统、润滑系统和排屑装置等。

2) 数控车床的布局和分类

数控车床的布局形式与普通车床基本一致，但数控车床的刀架和导轨的布局形式有很大变化，直接影响着数控车床的使用性能及机床的结构和外观。另外，数控车床上都设有封闭的防护装置。

(1) 床身和导轨的布局：数控车床床身导轨水平面的相对位置如图 7-2 所示。

(2) 刀架的布局：分为排式刀架和回转式刀架两大类。目前两坐标联动数控车床多采用回转刀架，它在机床上的布局有两种形式：一种是用于加工盘类零件的回转刀架，其回转轴垂直于主轴；另一种是用于加工轴类和盘类零件的回转刀架，其回转轴平行于主轴。

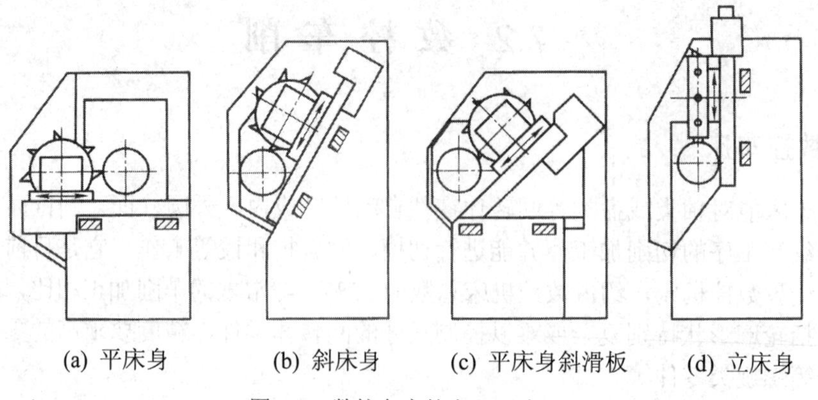

(a) 平床身　(b) 斜床身　(c) 平床身斜滑板　(d) 立床身

图 7-2　数控车床的布局形式

(3) 数控车床的分类：按数控系统的功能强弱，数控车床可分为经济型数控车床和全功能型数控车床；按主轴的配置形式，可分为主轴线处于水平位置的卧式数控车床和主轴线处于垂直位置的立式数控车床，还有具有两根主轴的数控车床；按数控系统控制的轴数，可分为只有一个回转刀架时可以实现两坐标轴控制的数控车床和具有两个回转刀架时实现四坐标轴控制的数控车床。

四坐标轴控制的数控车床，床身上安装有两个独立的滑板和回转刀架，也称为双刀架四坐标数控车床。其上每个刀架的切削进给量是分别控制的，因此两刀架可以同时切削同一工件的不同部位，既扩大了加工范围，又提高了加工效率，适合于加工曲轴、飞机零件等形状复杂、批量较大的零件。目前，我国使用较多的是中小规格的两坐标连续控制数控车床。

2. 数控车床的典型结构

1) 主传动系统

数控车床的主传动系统提供车削加工的主运动，要求速度在一定范围内可以调节，有足够的驱动功率，主轴回转时轴心线的位置准确稳定，并有足够的刚性、抗振性和可靠性。

2) 进给传动系统

数控车床进给传动系统是用数字控制 X、Z 坐标轴的直接对象，工件最后的尺寸精度和轮廓精度都直接受进给运动的传动精度、灵敏度和稳定性的影响。因此，数控车床的进给传动系统应充分注意减少摩擦力，提高传动精度和刚度，消除传动间隙以及减少运动件的惯量等。

3) 自动回转刀架

数控车床的刀架是机床的重要组成部分，其结构直接影响机床的切削性能和工作效率。回转式刀架上回转头各刀座用于安装或支持各种不同用途的刀具，通过回转头的旋转、分度和定位，实现机床的自动换刀。回转刀架分度准确，定位可靠，重复定位精度高，转位速度快，夹紧性好，可以保证数控车床的高精度和高效率。

4) 机床尾座

一般来说，尾座体的移动由滑板带动实现。尾座体移动后，由手动控制的液压缸将其锁紧在床身上。

7.2.2 数控车削工艺

1. 数控车削加工刀具和切削用量

1) 数控车削加工刀具

(1) 刀具的分类。数控车削常用的车刀一般分为尖形车刀、圆弧形车刀和成型车刀三类。

① 尖形车刀是以直线形切削刃为特征的车刀。这类车刀的刀尖由直线形的主、副切削刃构成，如90°内外圆车刀、左右端面车刀、车槽(切断)车刀及刀尖倒棱很小的各种外圆和内孔车刀。尖形车刀几何参数(主要是几何角度)的选择方法与普通车削时基本相同，但应适合数控加工的特点(如加工路线、加工干涉等)进行全面的考虑，并应兼顾刀尖本身的强度。

② 圆弧形车刀是以一圆度或线轮廓度误差很小的圆弧形切削刃为特征的车刀。该车刀圆弧刃每一点都是圆弧形车刀的刀尖，因此，刀位点不在圆弧上，而在该圆弧的圆心上。圆弧形车刀可以用于车削内外表面，特别适合于车削各种光滑连接(凹形)的成型面。选择车刀圆弧半径时应考虑两点，一是车刀切削刃的圆弧半径应小于或等于零件凹形轮廓上的最小曲率半径，以免发生加工干涉；二是该半径不宜选择太小，否则不但制造困难，还会因刀具强度太弱或刀体散热能力差而导致车刀损坏。

③ 成型车刀(也称样板车刀)加工的零件的轮廓形状完全由车刀刀刃的形状和尺寸决定。数控车削加工中，常见的成型车刀有小半径圆弧车刀、非矩形车槽刀和螺纹刀等。由于成型车刀的制取非常困难，并且不能通用，因此，在数控加工中应尽量少用或不用成型车刀。

目前，数控机床上大多使用系列化、标准化刀具，对可转位机夹外圆车刀、端面车刀等的刀柄和刀头都有国家标准及系列化型号。

(2) 刀具的选择。与普通机床加工方法相比，数控加工对刀具提出了更高的要求，不仅需要刚性好、精度高，而且要求尺寸稳定、耐用度高、断屑和排屑性能好；同时要求安装、调整方便，以满足数控机床高效率的要求。数控机床上所选用的刀具常采用适应高速切削性能的刀具材料(如高速钢、超细粒度硬质合金)，并使用可转位刀片。

(3) 对刀点、换刀点的确定。在程序执行的一开始，必须确定刀具在工件坐标系下开始运动的位置，这一位置即为程序执行时刀具相对于工件运动的起点，所以称程序起始点或起刀点。此起始点一般通过对刀来确定，所以该点又称对刀点。

在编制程序时，要正确选择对刀点的位置。对刀点设置的原则是：便于数值计算和简化程序编制，易于找正并在加工过程中便于检查，引起的加工误差小。

对刀点可以设置在加工零件上，也可以设置在夹具上或机床上。为了提高零件的加工精度，对刀点应尽量设置在零件的设计基准或工艺基准上。例如，以外圆或孔定位的零件，可以取外圆或孔的中心与端面的交点作为对刀点。

实际操作机床时，可以通过手工对刀操作把刀具的刀位点放到对刀点上，即“刀位点”与“对刀点”重合。所谓“刀位点”，是指刀具的定位基准点。车刀的刀位点为刀尖圆弧中心、钻头的刀位点是钻尖等。用手动对刀操作，对刀精度较低，且效率也较低。有些工厂采用光学对刀镜、对刀仪、自动对刀装置，以减少对刀时间，提高对刀精度。

加工过程中需要换刀时，应规定换刀点。“换刀点”是指刀架转动换刀时的位置。换刀点应设在工件或夹具的外部，换刀时以不碰工件及其他部件为准。

2) 切削用量

数控车削加工中的切削用量包括背吃刀量 a_p、切削速度 v、进给速度或进给量 f。切削用量(a_p、f、v)选择得是否合理，对于能否充分发挥机床潜力与刀具切削性能，实现优质、高产、低成本和安全操作具有重要作用。

(1) 背吃刀量的确定。背吃刀量根据机床、工件和刀具的刚度来确定，在刚度允许的条件下，应尽可能使背吃刀量等于工件的加工余量，这样可以减少走刀次数，提高生产率。为了保证加工表面质量，可留少许精加工余量，一般为0.2～0.5 mm。

(2) 主轴转速的确定。主轴转速应根据允许的切削速度和工件(或刀具)直径来选择。其计算公式为

$$n=\frac{1000v}{\pi d}$$

式中：v——切削速度，m/min，由刀具的耐用度决定；

n——主轴转速，r/min；

d——工件直径或刀具直径，mm。

计算的主轴转速最后要根据机床说明书选取机床有的或较接近的转速来定。

(3) 进给速度的确定。进给速度是数控机床切削用量中的重要参数，主要根据零件的加工精度和表面粗糙度要求以及刀具、工件的材料性质选取。最大进给速度受机床刚度和进给系统的性能限制。

确定进给速度的原则是：当工件的质量要求能够得到保证时，为提高生产率，可选择较高的进给速度，一般在100～200 mm/min范围内选取；在切断、加工深孔或用高速钢刀具加工时，宜选择较低的进给速度，一般在20～50 mm/min范围内选取；当加工精度、表面粗糙度要求较高时，进给速度应选小一些，一般在20～50 mm/min范围内选取；刀具空行程时，特别是远距离“回零”时，可以选用该机床数控系统设定的最高进给速度。

切削用量的选用应保证零件加工精度和表面粗糙度要求，充分发挥刀具的切削性能，保证合理的刀具耐用度；并充分发挥机床的性能，最大限度提高生产率，降低成本。

切削用量的具体数值应根据机床性能、相关手册，并结合实际经验用模拟方法确定。同时，使主轴转速、背吃刀量及进给速度三者能相互适应，以形成最佳切削用量。

2. 数控车削加工的工艺分析

1) 加工工序划分

在数控机床上加工零件时，工序应尽量集中，一次装夹应尽可能完成全部工序。与普通机床加工相比，加工工序划分有其自己的特点，常用的工序划分应以保证精度和提高生

产率为原则。

2) 加工路线的确定

在数控加工中，刀位点相对于工件的运动轨迹和方向称为加工路线，即刀具从对刀点开始运动起直至结束，加工程序所经过的全部路径。加工路线的确定首先必须要保证被加工零件的尺寸精度和表面质量，其次还要考虑数值计算简单、走刀路线尽量短、效率较高等因素。

下面分析数控车床加工零件时常用的加工路线。

(1) 车圆锥的加工路线分析。在车床上车外圆锥时可以分为车正锥和车倒锥两种情况，而每一种情况又有两种加工路线。图 7-3 所示为车正锥的加工路线，图 7-4 所示为车倒锥的加工路线。

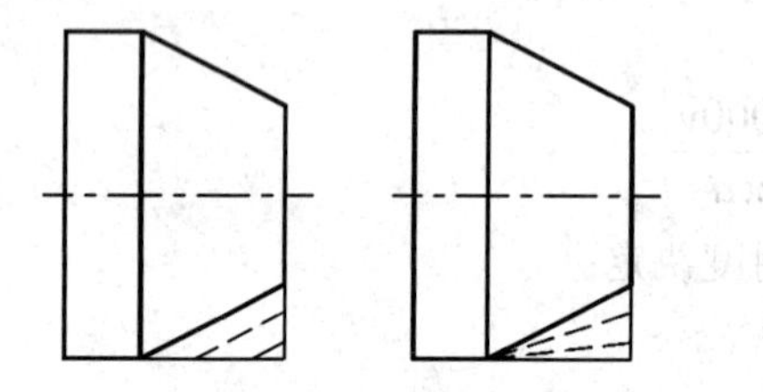

图 7-3　车正锥的两种加工路线

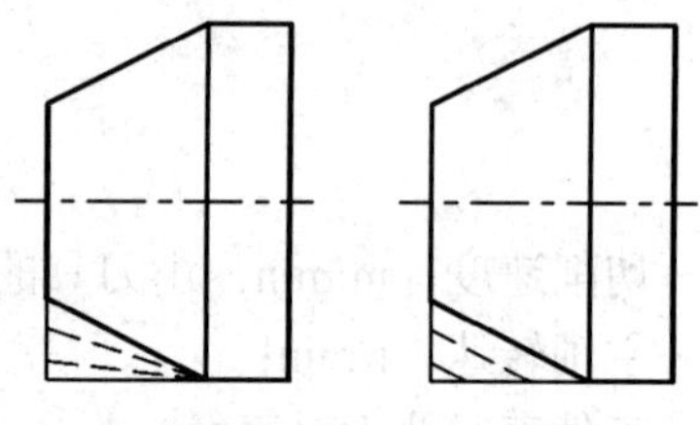

图 7-4　车倒锥的两种加工路线

(2) 车圆弧的加工路线分析。应用 G02(或 G03)指令车圆弧，若用一刀就把圆弧加工出来，这样吃刀量太大，容易打刀。所以，实际切削时，需要多刀加工，先将大部分余量切除，最后才车得所需圆弧。下面介绍车圆弧常用的加工路线，如图 7-5 所示。

(3) 车螺纹时轴向进给距离的分析。车螺纹时，刀具沿螺纹方向的进给应与工件主轴旋转保持严格的速比关系。考虑到刀具从停止状态到达指定的进给速度或从指定的进给速度降至零，驱动系统必有一个过渡过程，沿轴向进给的加工路线长度，除保证加工螺纹长度外，还应增加 δ_1(2～5 mm)的刀具引入距离和 δ_2(1～2 mm)的刀具引出距离，如图 7-6 所示。这样在切削螺纹时才能保证稳定的加工质量。

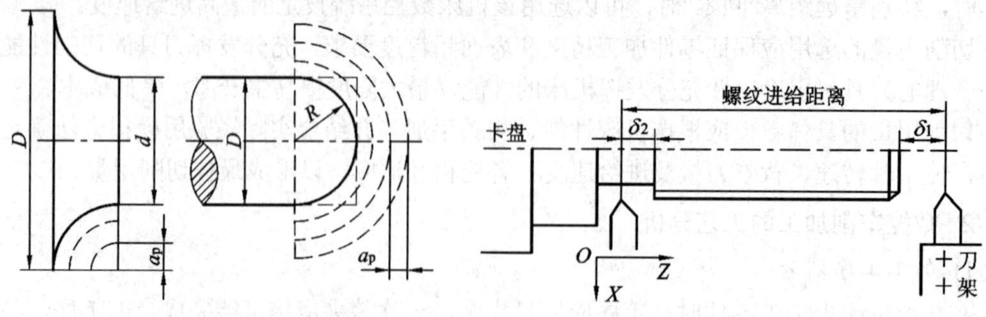

图 7-5　车圆弧的加工路线　　　图 7-6　车螺纹时引入和引出距离

7.2.3 数控车削编程

1. 数控车床的编程特点

(1) 在一个程序段中，根据图样上标注的尺寸，可以采用绝对值编程、增量值编程或二者混合编程。利用自动编程软件编程时，通常采用绝对值编程。

(2) 由于被加工零件的径向尺寸在图样上和测量时都是以直径值来表示的，所以用绝对值编程时，X 以直径值表示；用增量值编程时，以径向实际位移量的二倍值表示，并附上方向符号(正向可以省略)。为提高工件的径向尺寸精度，X 向的脉冲当量取 Z 向的一半。

(3) 由于车削加工常用棒料或锻料作为毛坯，加工余量较大，所以为了简化编程，数控装置常具备不同形式的固定循环，可进行多次重复循环切削。

(4) 编程时，常认为车刀刀尖是一个点，而实际上为了提高刀具寿命和工件表面质量，车刀刀尖一般会磨成一个半径不大的圆弧。为提高工件的加工精度，当编制圆头刀程序时，需要对刀具半径进行补偿。数控车床一般都具有刀具半径自动补偿功能(G41，G42)，这时可直接按工件轮廓尺寸编程。对不具备刀具半径自动补偿功能的数控车床，编程时需先计算补偿量。

2. 车削数控系统功能

数控机床加工中的动作在加工程序中用指令的方式事先予以规定，这类程序指令有准备功能 G、辅助功能 M、刀具功能 T、主轴转速功能 S 和进给功能 F 等。对于准备功能 G 和辅助功能 M，由于我国目前数控机床的形式和数控系统的种类较多，它们的指令代码定义还不统一，同一个 G 指令或同一个 M 指令其含义有时不相同。因此，编程人员在编程前必须对自己使用的数控系统的功能进行仔细研究，以免发生错误。

下面以 FANUC-6T 系统为例介绍数控车床数控系统功能。

1) *准备功能*

准备功能又称“G”功能或“G”代码，它是建立机床或控制数控系统工作方式的一种命令。FANUC-6 T 系统常用准备功能标准见表 7-1。

表 7-1 FANUC-6T 系统常用准备(G)功能标准

序号	代码	功 能	序号	代码	功 能
1	G00	快速点定位	18	G41	刀尖圆弧半径左补偿
2	G01	直线插补	19	G42	刀尖圆弧半径右补偿
3	G02	顺时针圆弧插补	20	G50	坐标系设定或最高主轴速度限定
4	G03	逆时针圆弧插补	21	G 70	精车循环
5	G04	延时(暂停)	22	G71	粗车外圆复合循环

续表

序号	代码	功　　能	序号	代码	功　　能
6	G10	补偿值设定	23	G72	粗车端面复合循环
7	G20	英制输入	24	G73	固定形状粗加工复合循环
8	G21	米制输入	25	G74	Z 向深孔钻削循环
9	G22	存储型行程限位接通	26	G75	切槽(在 X 向)
10	G23	存储型行程限位断开	27	G76	螺纹切削复合循环
11	G27	返回参考点确认	28	G90	单一形状固定循环
12	G28	返回参考原点	29	G92	螺纹切削循环
13	G29	从参考点回到切削点	30	G96	恒速切削控制有效
14	G32	螺纹切削	31	G97	恒速切削控制取消
15	G36	自动刀具补偿 X	32	G98	进给速度按每分钟设定
16	G37	自动刀具补偿 Z	33	G99	进给速度按每转设定
17	G40	刀具半径补偿取消			

2) 辅助功能

辅助功能又称“M”功能，主要用来表示机床操作时的各种辅助动作及其状态。FANUC-6T 系统常用辅助功能标准见表 7-2。

表 7-2　FANUC-6T 系统常用辅助功能标准

序号	代码	功　　能	序号	代码	功　　能
1	M00	程序停止	10	M11	车螺纹直退刀
2	M01	选择停止	11	M12	误差检测
3	M02	程序结束	12	M13	误差检测取消
4	M03	主轴正转	13	M19	主轴准停
5	M04	主轴反转	14	M20	ROBOT 工作启动
6	M05	主轴停止	15	M30	纸带结束
7	M08	切削液开	16	M98	调用子程序
8	M09	切削液关	17	M99	返回主程序
9	M10	车螺纹 45° 退刀			

3) F、T、S 功能

(1) F 功能：用来指定进给速度，由地址 F 和其后面的数字组成。

在含有 G99 程序段后面，在遇到 F 指令时，则认为 F 所指定的进给速度单位为 mm/r。系统开机状态为 G99，只有输入 G98 指令后，G99 才被取消。而 G98 为每分钟进给，单位为 mm/min。

(2) T 功能：该指令用来控制数控系统进行选刀和换刀。用地址 T 和其后的数字来指定刀具号和刀具补偿号。车床上刀具号和刀具补偿号有两种形式，即 T1+1 或 T2+2，具体含义如图 7-7 所示。

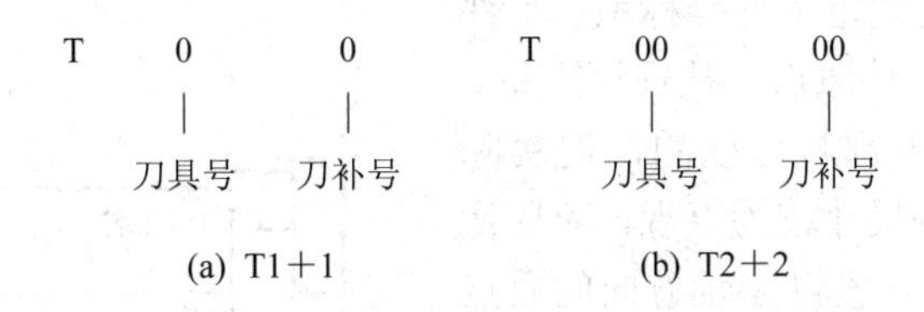

图 7-7　刀具号和刀具补偿号形成

在 FANUC-6T 系统中，这两种形式均可采用，通常采用 T2+2 形式。例如，T0101 表示采用 1 号刀具和 1 号刀补。

(3) S 功能：用来指定主轴转速或速度，由地址 S 和其后的数字组成。

G96 是接通恒线速度控制的指令，当 G96 执行后，S 后面的数值为切削速度。例如，G96 S100 表示切削速度为 100 m/min。

G97 是取消 G96 的指令。执行 G97 后，S 后面的数值表示主轴每分钟转数。例如，G97 S800 表示主轴最高转速为 800 r/min，系统开机状态为 G97 指令。

G50 除有坐标系设定功能外，还有主轴最高转速设定功能。例如：G50 S2000 表示主轴转速最高为 2000 r/min。用恒线速度控制加工端面锥度和圆弧时，由于 X 坐标值不断变化，当刀具逐渐接近工件的旋转中心时。主轴转速会越来越高，工件有从卡盘中飞出的危险，所以为防止事故发生，有时必须限定主轴最高转速。

3. 数控车削编程基础

1) 坐标系统

(1) 数控车床坐标系。数控车床的坐标系以径向为 X 轴方向，纵向为 Z 轴方向。如图 7-8 所示，指向主轴箱的方向为 Z 轴负方向，而指向尾座的方向为 Z 轴正方向。使刀具离开工件的方向为 X 轴的正方向。

数控车床的坐标系是机床固有的坐标系，在出厂前就已经调整好，一般情况下不允许用户随意变动。数控车床的坐标系原点为机床上的一个固定的点，一般为主轴旋转

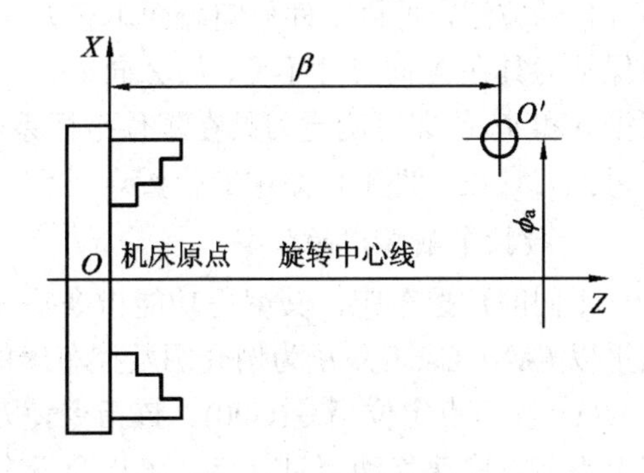

图 7-8　数控车床坐标系

中心与卡盘后的端面之交点，即图中的点 O。

参考点也是机床上的一个固定点，它是刀具退离到一个固定不变的极限点，其位置由机械挡块来确定，即图中的点 O'。

(2) 工件坐标系(编程坐标系)。工件坐标系是编程时使用的坐标系，故又称为编程坐标系。在编程时，应首先确定工件坐标系，工件坐标系的原点也称为工件原点。从理论上讲，工件原点选在任何位置都是可以的，但实际上，为了编程方便和各尺寸较为直观，应尽量把工件原点选得合理，一般将 X 轴方向的原点设定在主轴中心线上，而 Z 轴方向的原点一般设定在工件的右端面或左端面上，如图 7-9 所示的点 O 或点 O'。

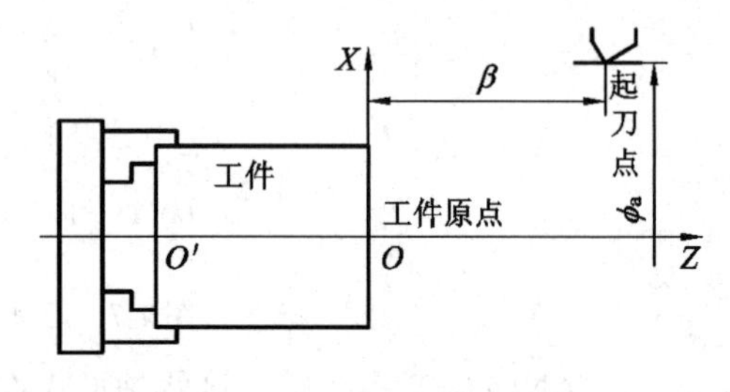

图 7-9　工件坐标系

2) 对刀问题

在数控车床上加工时，工件坐标系确定以后，还需确定刀尖点在工件坐标系中的位置，即对刀问题。常用的对刀方法为试切对刀，具体方法如下：

如图 7-10(a)所示，将工件安装好后，先用手动方式(进给量大时)加步进方式(进给量为脉冲当量的倍数时)或 MDI 方式操作机床，用已装好选定的刀具将工件端面车一刀，然后保持刀具在 Z 向尺寸不变，沿 X 向退刀。当取工件右端面 O 为工件原点时，对刀输入为 Z_0；当取工件左端面 O' 为工件原点时，停止主轴转动，需要测量从内端面到加工面的长度尺寸 δ，此时对刀输入为 $Z\delta$。如图 7-10(b)所示，用同样的方法，再将工件外圆表面车一刀，然后保持刀具在 X 向尺寸不变，从 Z 向退刀，停止主轴转动，再量出工件车削后的直径值 Φ_γ，根据 δ 和 Φ_γ 值即可确定刀具在工件坐标系中的位置。其他各刀具都需进行以上操作，以确定每把刀具在工件坐标系中的位置。

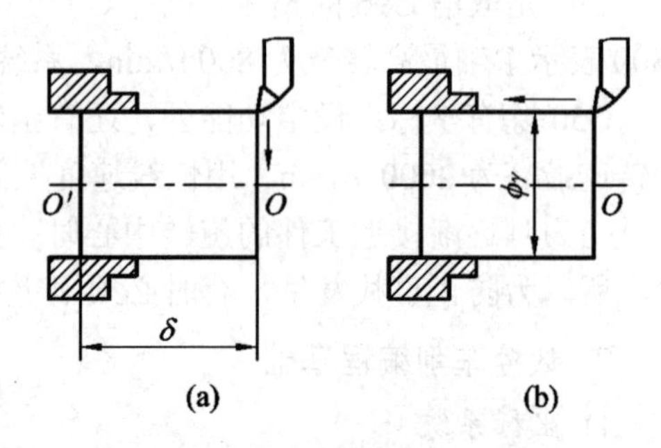

图 7-10　数控车床的对刀

3) 数控车削常用的指令

不同的数控车床，其编程功能指令基本相同，但也有个别功能指令的定义有所不同，这里以 FANUC-6T 系统为例介绍数控车床的基本编程功能指令。

(1) 快速点定位指令(G00)。该指令使刀架以机床厂设定的最快速度按点位控制方式从刀架当前点快速移动至目标点。该指令没有运动轨迹的要求，也不需规定进给速度。

指令格式：G00　__X 或__Z　；或 G00　U__ W__；

指令中的坐标值为目标点的坐标，其中 X(U)坐标以直径值输入。当某一轴上相对位置不变时，可以省略该轴的坐标值。在一个程序段中，绝对坐标指令和增量坐标指令也可混用，如 G00　X__W__ ；或 G00　U__Z__ ；。

快速进刀编程(G00 指令运用)，如图 7-11 所示。

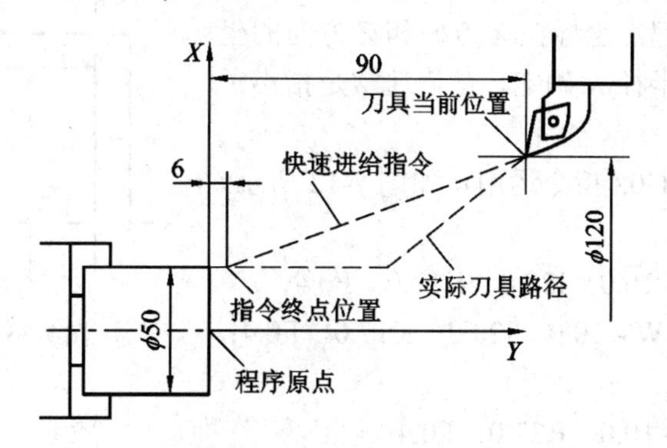

图 7-11　G00 指令运用

程序：G00　X50.0　Z6.0；或 G00　U－70.0　W－84.0；

执行该段程序，刀具便快速由当前位置按实际刀具路径移动至指令终点位置。

(2) 直线插补指令(G01)。该指令用于使刀架以给定的进给速度从当前点直线或斜线移动至目标点，即可使刀架沿 *X* 轴方向或 *Z* 轴方向作直线运动，也可以两轴联动方式在 *X*、*Z* 轴内作任意斜率的直线运动。

指令格式：G01 X__Z__F__；或 G01 U__W__F__；

如进给速度 *F* 值已在前段程序中给定且不需改变，则本段程序可不写出；若某一轴没有进给，则指令中可省略该轴指令。

外圆柱切削编程(G01 指令运用)，如图 7-12 所示。

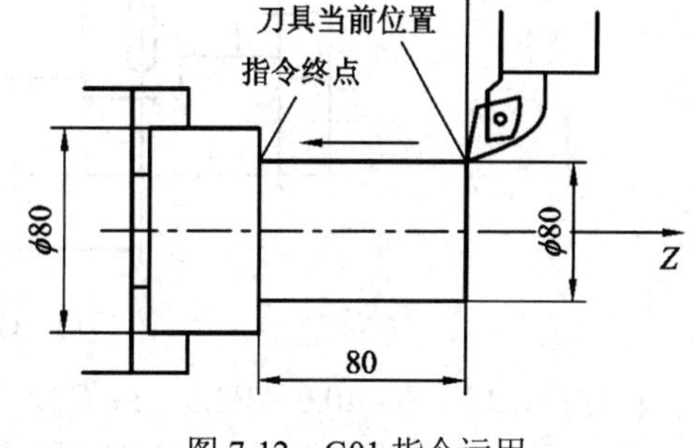

图 7-12　G01 指令运用

程序：G01　X60.0　Z－80.0　F0.4；

或 G01　U0.0　W－80.0　F0.4；

或 G01　X60.0　W－80.0　F0.4；

或 G01　U0.0　Z－80.0　F0.4；(混合)

或 G01　W－80.0　F0.4；

或 G01　Z－80.0　F0.4；

(3) 圆弧插补指令(G02、G03)。该指令用于刀架作圆弧运动以切出圆弧轮廓。G02 为

刀架沿顺时针方向作圆弧插补，G03 为沿逆时针方向的圆弧插补。

指令格式：G02　X__Z__I__K__F__；或 G02　X__Z__R__F__；

G03　X__Z__I__K__F__：或 G03 X__Z__R__F__；

上述指令中，*X* 和 *Z* 是圆弧的终点坐标，用增量坐标 *U*、*W* 也可以，圆弧的起点是当前点；*I* 和 *K* 分别是圆心坐标相对于起点坐标在 *X* 方向和 *Z* 方向的坐标差，也可以用圆弧半径 *R* 确定，*R* 值通常是指小于 180° 的圆弧半径。

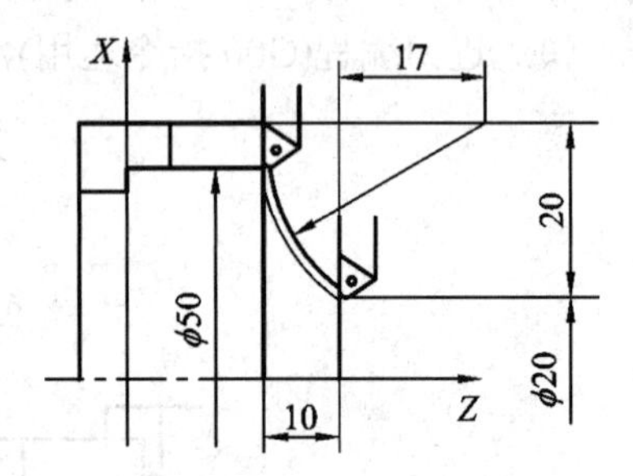

图 7-13　G02 指令运用

顺时针圆弧插补(G02 指令运用)，如图 7-13 所示。

用(I、K)指令：

G02　X50.0　Z－10.0　I20.0　K17.0　F0.4；

或 G02　U30.0　W－10.0　I20.0　K17.0　F0.4；

用(R)指令：

G02　X50.0　Z－10.0　R27.0　F0.4；

或 G02　U30.0　W－10.0　R27.0　F0.4；

需要说明的是，当圆弧位于多个象限时，该指令可连续执行，如果同时指定了 *I*、*K* 和 *R* 值，则 *R* 指令优先，*I*、*K* 值无效；进给速度 *F* 的方向为圆弧切线方向，即线速度方向。

(4) 螺纹切削指令(G32)。该指令用于切削圆柱螺纹、圆锥螺纹和端面螺纹。

指令格式：G32　X__Z__F__；

其中 F 值为螺纹的螺距。

圆柱螺纹切削(G32 指令运用)，如图 7-14 所示。

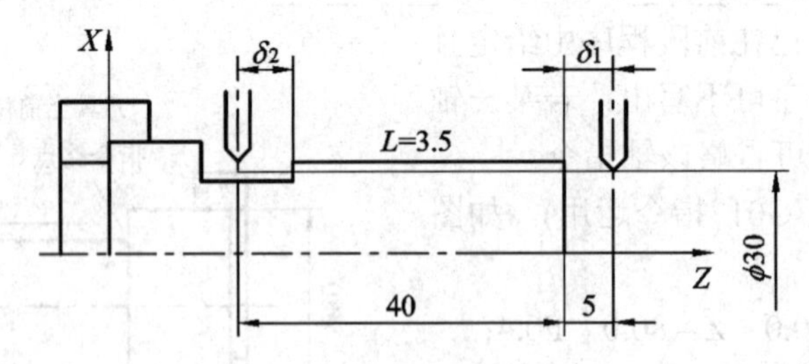

图 7-14　G32 圆柱螺纹切削

程序：G32　Z－40.0　F2.5；或 G32　W－45　F2.5；

图中的 δ_1 和 δ_2 分别表示由于伺服系统的滞后所造成在螺纹切入和切出时所形成的不完全螺纹部分。在这两个区域内，螺距是不均匀的，因此在决定螺纹长度时必须加以考虑，一般应根据有关手册来计算 δ_1 和 δ_2，也可利用下式进行估算：

$$d_1 = \frac{nL \times 3.605}{1800}$$

$$d_2 = \frac{nL}{1800}$$

以上两式中，n 为主轴转速，r/min；L 为螺距导程，mm。这是一种简化算法，计算时假定螺纹公差为 0.01 mm。

在切削螺纹之前最好通过 CNC 屏幕演示切削过程，以便取得较好的工艺参数。另外，在切削螺纹过程中，不得改变主轴转速，否则将切出不规则螺纹。

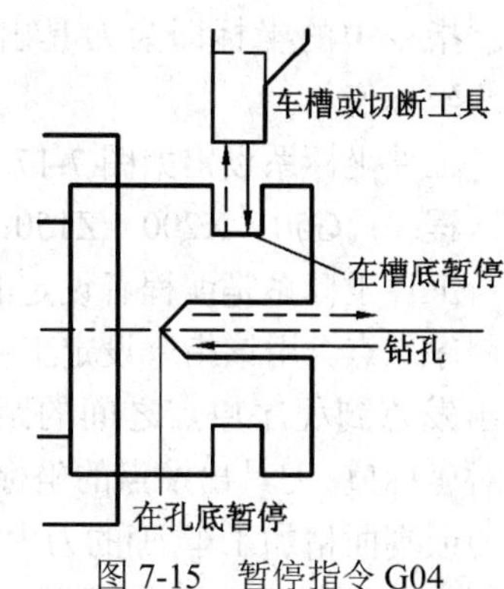

图 7-15　暂停指令 G04

(5) 暂停指令(G04)。该指令可使刀具作短时间(几秒钟)的停顿，以进行进给光整加工。主要用于车削环槽、不通孔和自动加工螺纹等场合，如图 7-15 所示。

指令格式：G04　P__；

指令中 P 后的数值表示暂停时间。

(6) 自动回原点指令(G28)。该指令使刀具由当前位置自动返回机床原点或经某一中间位置再返回到机床原点，如图 7-16 所示的中间点 A(30.0，15.0)。

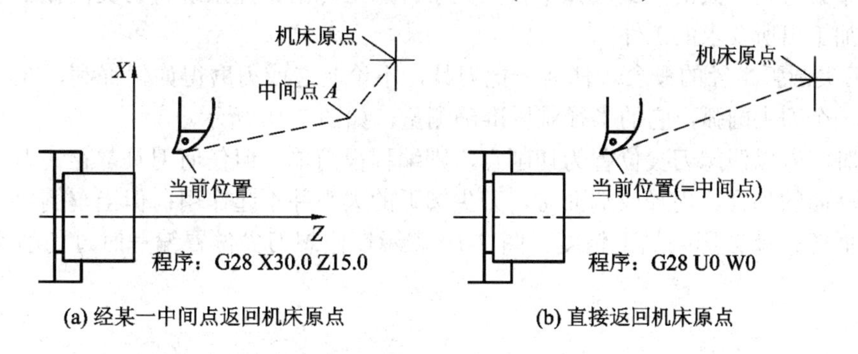

图 7-16　自动回原点指令 G28

指令格式：G28　X(U) __ Z(W) __T00；

指令中的坐标为中间点坐标，其中 X 坐标必须按直径给定。直接返回机床原点时，只需将当前位置设定为中间点即可。刀具复位指令 T00 必须写在 G28 指令的同一程序段或该程序段之前。刀具以快速方式返回机床原点。

(7) 工件坐标系设定指令(G50)。该指令用以设定刀具出发点(刀尖点)相对于工件原点的位置，即设定一个工件坐标系，有的数控系统用 G92 指令。该指令是一个非运动指令，只起预置寄存作用，一般作为第一条指令放在整个程序的前面。

指令格式：G50　X__Z__；

指令中的坐标即为刀具出发点在工件坐标系下的坐标值。

工件坐标系设定如图 7-17 所示。

程序：G50　X200　Z150；

工件坐标系是编程者设定的坐标系，其原点即为程序原点。用该指令设定工件坐标系之后，刀具的出发点到程序原点之间的距离就是一个确定的绝对坐标值。刀具出发点的坐标应以参考刀具(外圆车刀或端面精加工车刀)的刀尖位置来设定，该点的设置应保证换刀时刀具刀库与工件夹具之间没有干涉。在加工之前，通常应测量机床原点与刀具出发点之间的距离(a_x、a_z)，以及其他刀具与参考刀具刀尖位置之间的距离。

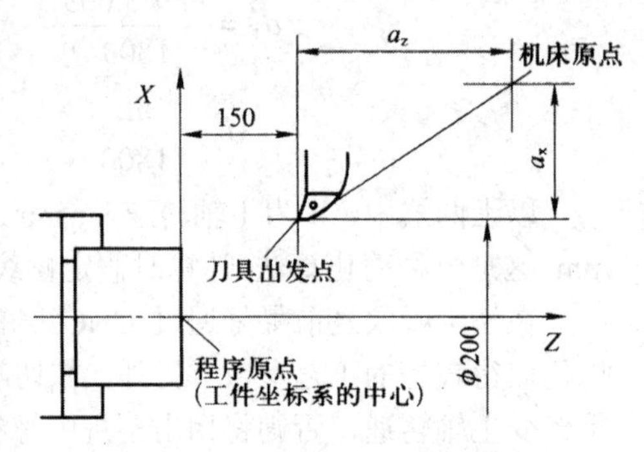

图 7-17　工件坐标系设定指令 G50

4) 刀具半径补偿

目前数控车床大都具备刀具半径自动补偿功能。编程时只需按工件的实际轮廓尺寸编程即可，不必考虑刀具的刀尖圆弧半径的大小；加工时由数控系统将刀尖圆弧半径加以补偿，便可加工出所要求的工件。

(1) 刀尖圆弧半径的概念。任何一把刀具，不论制造或刃磨得如何锋利，在其刀尖部分都存在一个刀尖圆弧，它的半径难以准确测量，如图 7-18 所示。

编程时，若以假想刀尖位置为切削点，则编程很简单。但任何刀具都存在刀尖圆弧，当车削圆柱面的外径、内径或端面时，刀尖圆弧的大小并不起作用；但当车倒角、锥面、圆弧或曲面时，就会影响加工精度。图 7-19 表示以假想刀尖位置编程时过切削及欠切削现象。

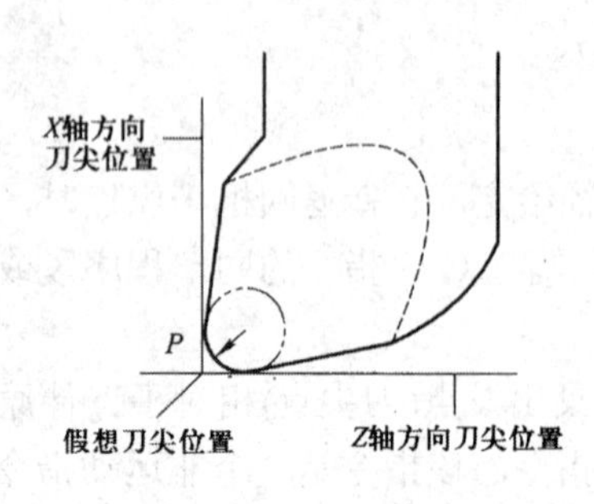

图 7-18　刀尖圆弧半径

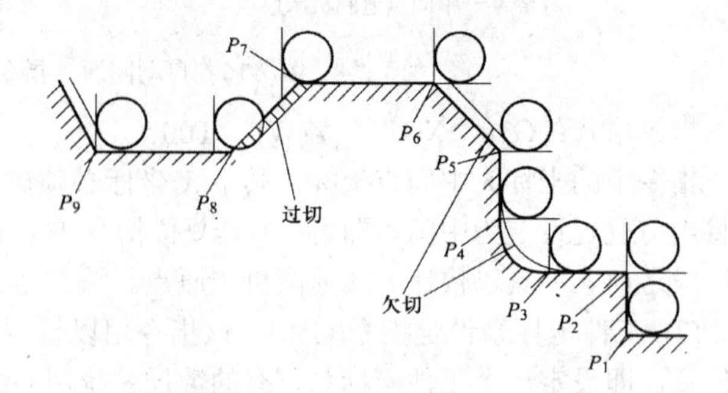

图 7-19　过切削及欠切削

编程时若以刀尖圆弧中心编程，可避免过切和欠切现象，但计算刀位点比较麻烦，并且如果刀尖圆弧半径发生变化，还需改动程序。

数控系统的刀具半径补偿功能正是为解决这个问题所设定的。它允许编程者以假想刀尖位置编程，然后给出刀尖圆弧半径，由系统自动计算补偿值，生成刀具路径，完成对工件的管理加工。

(2) 刀具半径补偿的实施：

① 解除刀具半径指令 G40 该指令用于解除各个刀具半径补偿功能，应写在程序开始的第一个程序段或需要取消刀具半径的程序段。

② 刀具半径左补偿指令 G41 在刀具运动过程中，当刀具按运动方向在工件左侧时，用该指令进行刀具半径补偿。

③ 刀具半径右补偿指令 G42 在刀具运动过程中，当刀具按运动方向在工件右侧时，用该指令进行刀具半径补偿。

图 7-20 表示了根据刀具与工件的相对位置及刀具的运动方向如何选用 G41 或 G42 指令。

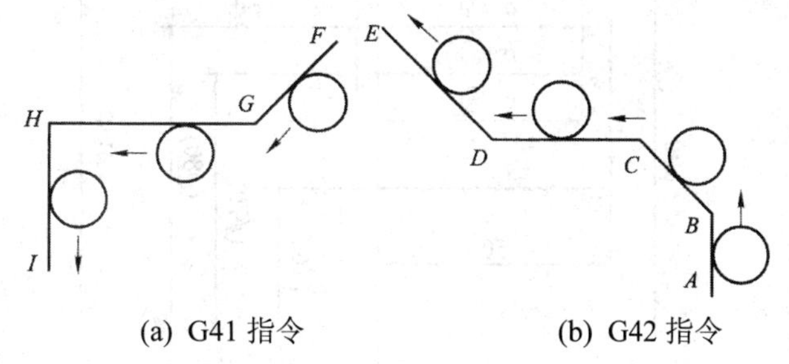

(a) G41 指令　　(b) G42 指令

图 7-20　刀具半径补偿指令

5) 固定循环功能

在数控车床上对外圆柱、内圆柱、端面、螺纹等表面进行粗加工时。刀具往往要多次反复地执行相同的动作，直至将工件切削到所要求的尺寸。于是在一个程序中可能会出现很多基本相同的程序段，造成程序冗长。为了简化编程工作，数控系统可以用一个程序段来设置刀具作反复切削，这就是循环功能。固定循环功能包括单一固定循环和复合固定循环功能。

(1) 单一固定循环指令：外径、内径切削循环指令 G90 可完成外径、内径及锥面粗加工的固定循环。下面以切削圆柱面为例。

指令格式为：G90　X(U) __ Z(W) __ (F__)；

如图 7-21 所示，刀具从循环起点开始按矩形循环，最后又回到循环起点。图中虚线表示按快速运动，实线表示按 *F* 指定的工作进给速度运动。*X* 和 *Z* 表示圆柱面切削终点坐标

值，U 和 W 为圆柱面切削终点相对循环起点的增量值。其加工顺序为①、②、③、④。

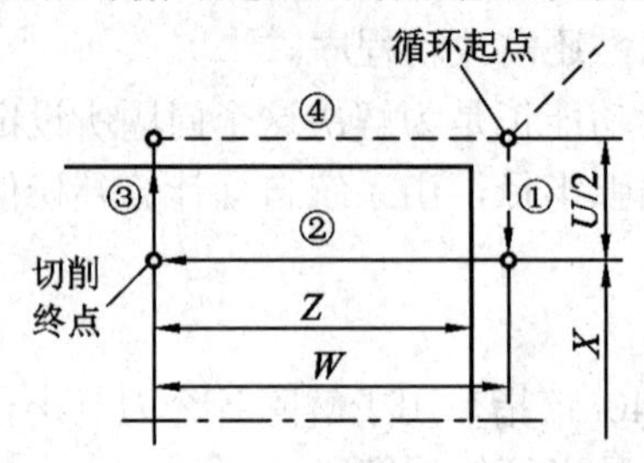

图 7-21　G90 指令切削圆柱面循环动作

用 G90 指令编程，工件和加工过程如图 7-22 所示。

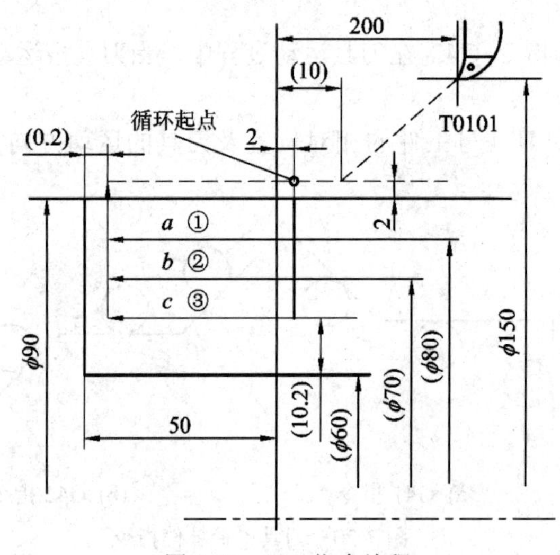

图 7-22　G90 指令编程

程序如下：

G50	X150.0	Z200.0		M08;		
G00	X94.0	Z10.0	T0101	M03	F2.0;	循环起点
G90	X80.0	Z－49.8			F0.25;	循环①
	X70.0;					循环②
	X60.4;					循环③
G00	X150.0	Z200.0	T0000;			取消 G90
M02;						

(2) 复合固定循环指令：它应用在非一次切削即能加工到规定尺寸的场合，主要在粗车和多次车螺纹的情况下使用，如用棒料毛坯车削阶梯相差较大的轴，或切削铸、锻件的

毛坯余量时，都有一些多次重复进行的动作。利用复合固定循环功能，只要编出最终加工路线，给出每次切除的余量深度或循环次数，机床即可自动地重复切削直到工件加工完为止。它主要有以下几种：

外径、内径粗车循环指令 G71 该指令将工件切削到精加工之前的尺寸，精加工前工件形状及粗加工的刀具路径由系统根据精加工尺寸自动设定。

指令格式：G71　P$\underline{n_s}$　Q$\underline{n_f}$　U$\underline{\Delta u}$　W$\underline{\Delta w}$　D$\underline{\Delta d}$(F__S__T__)；

其中，n_s——循环程序中第一个程序的顺序号；

n_f——循环程序中最后一个程序的顺序号；

$\underline{\Delta u}$——X 轴方向的精车余量(直径值)；

$\underline{\Delta w}$——Z 轴方向的精车余量；

$\underline{\Delta d}$——粗加工每次切削深度。

如图 7-23 所示为 G71 粗车外径的加工路线。图中 C 是粗车循环的起点，A 是毛坯外径与端面轮廓的交点。当此指令用于工件内径轮廓时，G71 就自动成为内径粗车循环，此时径向精车余量 Δu 应指定为负值。

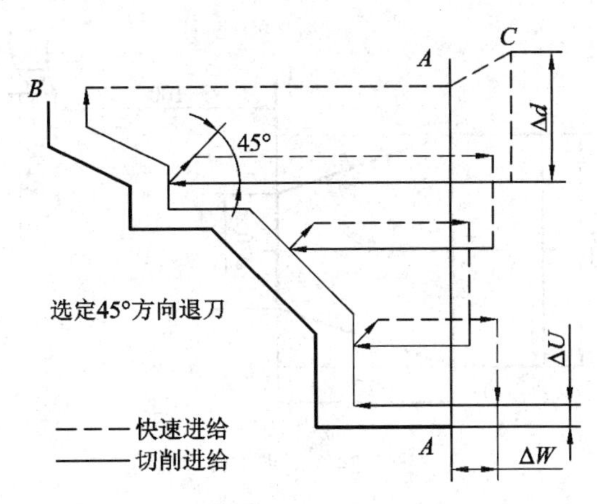

图 7-23　G71　指令运用

端面粗车循环指令 G72 它适用于圆柱棒料毛坯端面方向粗车，其功能与 G71 基本相同，不同之处是 G72 只完成端面方向粗车，刀具路径按径向方向循环，指令格式和其地址含义与 G71 的相同。

闭合车削循环指令 G73 它适用于毛坯轮廓形状与零件轮廓形状基本接近时的粗车。例如，对于一些锻件、铸件的粗车，采用 G73 指令将大大节省工时，提高切削效率。其功能与 G71、G72 基本相同，所不同的是刀具路径按工件精加工轮廓进行循环。

指令格式：G73　P$\underline{n_s}$　Q$\underline{n_f}$　I$\underline{\Delta i}$　K$\underline{\Delta k}$　U$\underline{\Delta u}$　W$\underline{\Delta w}$　D$\underline{\Delta d}$(F__S__T__)；

其中，Δi——粗车时径向切除的余量(半径值)；

Δk——粗车时轴向切除的余量；

Δu——X轴方向的精车余量(直径值)；

Δw——Z轴方向的精车余量；

Δd——粗切循环次数，其余地址含义与 G71 的相同。

精加工循环指令 G70 用于执行 G71、G72、G73 粗加工循环指令后的精加工循环。

指令格式：G70　Pn_s　Qn_f；

指令中的 n_s、n_f 与前几个指令的含义相同。在 G70 状态下，n_s 至 n_f 程序中指令的 F、S、T 有效；当 n_s 至 n_f 程序中不指定 F、S、T 时，则粗车循环中指定的 F、S、T 有效。

对于其他固定循环指令，在此不再详述，请参考有关手册。

7.2.4　数控车削加工工艺实例及分析

数控车削加工工艺实例及分析图 7-24 为一正锥零件，毛坯为 ϕ30 mm 的棒料，材料为 45 钢。

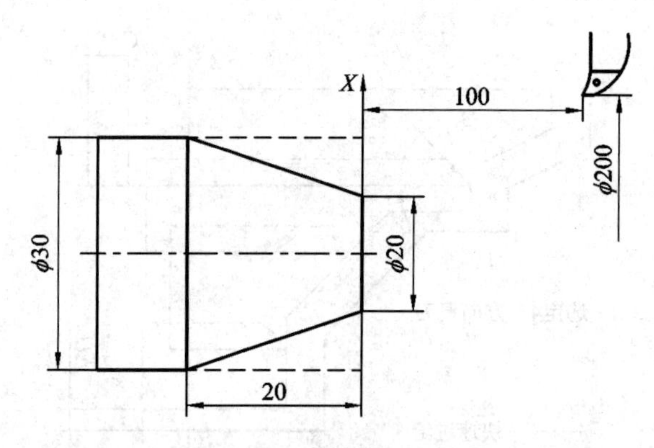

图 7-24　正锥零件

(1) 根据零件图样要求和毛坯情况，确定工艺方案及加工路线。

对短轴类零件，轴心线为工艺基准，用三爪自定心卡盘一次装夹完成粗、精加工。

其工步顺序如下：

① 粗车端面及外圆锥面，留 1 mm 精车余量。

② 精车外圆锥面到尺寸。

③ 按第一种车锥路线进行加工，终刀距 $s_1 = 8$ mm，$s_2 = 16$ mm。

(2) 选择机床设备。根据零件图样要求，可选用 CAK5085 型数控卧式车床。

(3) 选择刀具。根据加工要求，选用两把刀具，T01 为 90°粗车刀，T02 为 90°精车刀。同时将这两把刀具安装在自动换刀刀架上，且都对好刀，将它们的刀偏值输入相应的刀具参数中。

(4) 确定切削用量。切削用量的具体数值应根据该机床性能、相关的手册并结合实际经验确定。设定分三次走刀，前两次背吃刀量 $a_p = 2$ mm，最后一次背吃刀量为 $a_p = 1$ mm。

(5) 确定工件坐标系。确定以工件右端面与轴线的交点 *O* 为工件原点，建立 *XOZ* 工件坐标系。

(6) 编写程序。按该机床规定的指令代码和程序段格式，把加工零件的全部工艺过程编写成程序清单。

该工件的加工程序如下：

```
N01   G50   X200.0   Z100.0:                      设置工件坐标系
N02   M03   S800     T0101;                       取1号90°刀，准备粗车
N03   G00   X32.0    Z0;                          快速趋近工件
N04   G01   X0       F0.3;                        粗车端面
N05                  Z2.0;                        轴向退刀
N06   G00   X26.0;                                径向快速退刀至第一次粗走刀处
N07   G01            Z0       F0.4;               走刀至第一次粗车正锥处
N08         X30.0    Z-8.0;                       第一次粗车正锥s1
N09   G00            Z0;                          第一次粗车正锥s1后快速退回
N10   G01   X22.0    F0.4:                        走刀至第二次粗车正锥处
N11   G01   X30.0    Z－16.0:                     第二次粗车正锥s2
N12   G00   X200.0   Z100.0   T0100;              第二次粗车正锥s2后快速退回至换刀点处
N13                           T0202;              取2号90°偏刀，准备精车
N14   G00   X30      Z0;                          快速走刀至(X30，Z0)处
N15   G01   X20.0    F0.4;                        精车端面至零件右锥角处
N16         X30.0    Z-20.0;                      精车锥面至零件尺寸
N17   G00   X200.0   Z100.0   T0200   M05;        快速退刀至起刀点处
N18                           M02;                程序结束
```

7.3　数控加工实习报告相关内容

一、实习准备部分(预习本章内容，简要回答以下问题)

问题1：数控车床的典型结构有哪些？它们各自的作用是什么？

问题2：数控车削编程时设置对刀点的原则是什么？

二、现场实习部分(根据实习要求，以实习模块为单位，详细记录每一模块的实习目的和要求、实习所用设备及工具、实习内容等)

实习模块 1：数控车削编程及训练。

实习模块 2：其他相关内容。

三、思考拓展部分(在下面项目中任选其一，也可以自定项目)

项目 1：图 7-25 所示为手锤锤头数控车削加工的零件简图，试编制其数控加工程序。

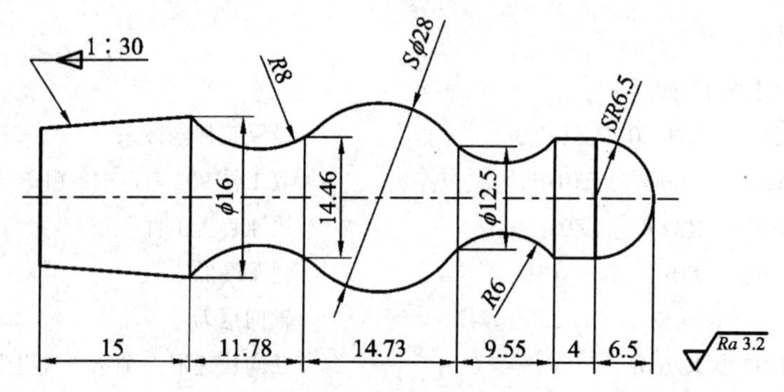

图 7-25　手锤锤头车削加工零件图

项目 2：设计并制作一件数控加工创意作品，图 7-26 是一些示例。

图 7-26　创意作品示例

第 8 章　特 种 加 工

8.1　概　　述

特种加工是相对于传统常规加工方法而言的，传统机械加工是通过机床对材料进行切削或磨削加工。特种加工方法是直接利用各种能量，如电能、光能、化学能、电化学能、声能、热能及机械能等进行加工的方法。与传统加工方法相比较，特种加工具有以下特点：直接利用各种能量，加工时不受工件强度和硬度的制约，可加工脆硬材料和微细材料；在加工中不产生宏观切削作用力，因此不会产生强烈的弹、塑、热、变形等，加工精度高，表面粗糙度值低；利用不同能量及工具的简单进给运动，可加工出复杂型面工件；加工能量易于控制和转换，加工范围广，生产效率高，自动化程度和灵活性高。

8.2　电火花加工

电火花加工(Electrical Discharge Machining，EDM)是一种利用电、热能量进行加工的方法。加工零件时，在一定介质中，利用正、负两极(工具电极与工件电极)之间不断产生脉冲性的火花放电，靠放电时局部瞬时产生高温把金属蚀除下来，对材料进行加工，以使零件的尺寸、形状和表面质量达到预定要求。这种加工方法也称为放电加工或电蚀加工。目前工具电极材料多采用纯铜(俗称紫铜)或石墨。

电火花加工在电加工行业中是应用最为广泛的一种加工方法，约占该行业的 90%。按工具电极和工件相对运动的方式不同，大致可分为电火花成型加工、线切割加工、电火花磨削加工、电火花同步共轭回转加工、电火花高速小孔加工、电火花表面强化与刻字加工等六大类。其中，线切割加工占电火花加工的 60%，电火花成型加工占 30%。

8.2.1　电火花成型加工

1. 电火花成型加工概述

电火花成型加工是与机械加工完全不同的一种新工艺，其基本原理如图 8-1 所示。工

件 5 与工具 3 均淹没于具有一定绝缘性能的工作液中，并分别与脉冲电源 2 的两输出端相连接，在自动进给调节装置 1 的控制下，工具和工件间的距离能保持一很小的间隙，脉冲电源发出一连串的脉冲电压，当脉冲电压加到两极之间时，便在当时条件下相对某一间隙最小处或绝缘强度最低处击穿介质，在该局部产生火花放电，放电点处产生瞬时高温，使金属局部熔化甚至气化而被蚀除下来，形成局部的电蚀凹坑。脉冲放电结束后，经过一段时间间隔，使工作液恢复绝缘，第二个脉冲电压又加到两极上，又会在当时极间距离相对最近或绝缘强度最弱处击穿放电，又电蚀出一个小凹坑……，如此连续不断地重复放电，工具电极不断地向工件进给，就可将工具电极的形状复制在工件上，加工出所需要的和工具形状阴阳相反的零件。整个加工表面将由无数个小凹坑所组成。

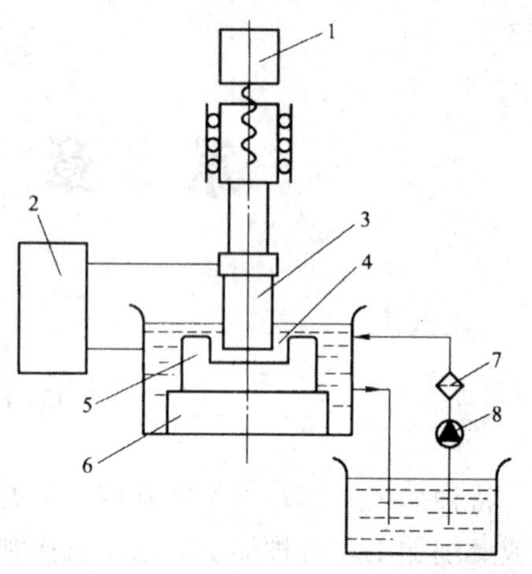

1—自动进给调节装置；2—脉冲电源；
3—工具；4—工作液；5—工件；6—工作台；
7—过滤器；8—工作液泵

图 8-1　电火花加工原理示意图

与传统金属切削加工相比，电火花加工具有以下特点：

(1) 适合于难切削材料的加工。由于加工中材料的去除是靠放电时的电热作用实现的，材料的加工性主要取决于材料的导电性及其热学特性，如熔点、比热容、热导率、电阻率等，而几乎与其力学性能(硬度、强度等)无关。这样就可以突破传统切削加工对刀具的限制，实现用软的工具加工硬的工件。

(2) 可以加工特殊及复杂形状的零件。由于加工中工具电极和工件不直接接触，没有机械加工的切削力，不会引起工件的变形和位移，并且可以简单地将工具电极的形状复制到工件上，因此特别适用于复杂表面形状工件的加工。

(3) 直接利用电能加工，便于实现过程的自动化。加工条件中起重要作用的电参数容易调节，能方便地进行粗、半精、精加工各工序，简化工艺过程。

(4) 只能用于加工金属等导电材料，仅在特定条件下才能加工半导体和非导体材料。

(5) 加工速度一般较慢，效率较低，因此通常安排工艺时多采用切削来去除大部分余量，然后再进行电火花加工以求提高生产率。但新的研究成果表明，采用特殊水基不燃性工作液进行电火花加工，其生产率甚至不亚于切削加工。

(6) 小角部半径有限制。一般电火花加工能得到的最小角部半径等于加工间隙(通常为 0.02～0.03 mm)，若电极有损耗或采用平动或摇动加工则角部半径还要增大。

(7) 存在电极损耗。由于电火花加工靠电、热来蚀除金属，电极也会损耗，影响加工精度。

2. 电火花成型加工机床

电火花成型加工机床由于功能的差异，导致在布局和外观上有很大的不同，但其基本组成是一样的，一般由自动进给调节系统、脉冲电源、工作台、工具电极、工作液、工作液循环过滤装置等几部分组成，如图 8-2 所示。

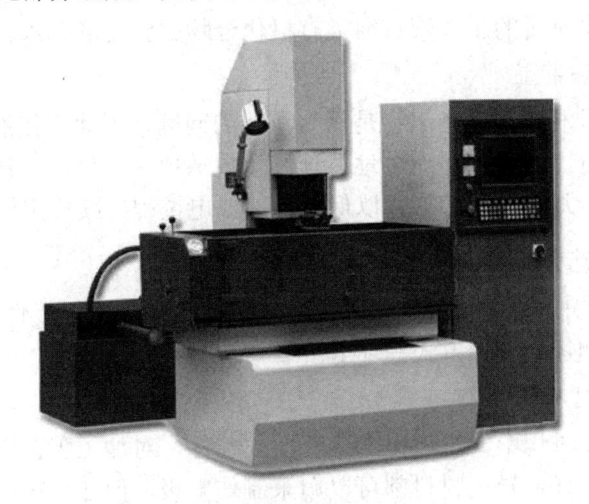

图 8-2 电火花成型加工机床基本组成

1) 自动进给调节系统

电火花放电加工是一种无切削力、不接触的加工手段，要保证加工继续，就必须始终保持一定的放电间隙。这个间隙必须在一定的范围内，间隙过大就不能击穿放电介质，过小则容易短路。因此，电极的进给速度必须大于电腐蚀的速度。同时，电极还要频繁地靠近和离开工件，以便于排渣，而这种运动是无法用手动控制的，故必须由伺服系统来自动控制电极的运动。自动进给调节系统就是用来改变、调节进给速度，使进给速度接近并等于电腐蚀速度，维持一定的放电间隙，使放电加工稳定进行，以获得比较好的加工效果。

2) 脉冲电源

脉冲电源把工频交流电流转换成一定频率的单向脉冲电流，以供给火花放电间隙所需要的能量来蚀除金属。脉冲电源对加工的生产率、表面质量、加工速度、加工过程的稳定性和电极丝损耗等技术经济指标有很大的影响，应给予足够的重视。

3) 工作台

工作台主要用来支承和装夹工件。在实际加工中，通过转动纵向丝杠来改变电极和工

件的相对位置。工作台上装有工作液箱，用来容纳工作液，使电极和工件浸泡在工作液中，起到冷却和排屑的作用。

4) 工具电极

工具电极材料必须具有导电性能良好、电腐蚀困难、电极损耗小，并且具有足够的机械强度、加工稳定、效率高、材料来源丰富、价格低廉等特点。

5) 工作液

电火花成型加工中常用的工作液有油类有机化合物、乳化液、水。

6) 工作液循环过滤装置

电火花加工时，顺利排除电蚀产物是极为重要的问题，因此工作液循环过滤系统是机床不可缺少的组成部分。其作用是充分地、连续地向放电区域供给清洁的工作液，及时排除其间的电蚀产物，冷却电极和工件，以保持脉冲放电过程持续稳定地进行。

3. 电火花加工工艺分析及实例

对电火花加工工艺性的分析主要包括加工工艺参数(工具电极极性、电参数)的选定、提高加工效率的方法和选择加工方式等环节。

1) 工具电极极性选择

在电火花成型加工过程中，电极是十分重要的部件，对加工工艺影响甚大。根据电火花加工原理，可以说，任何导电材料都可以用来制作电极，但在生产中应选择损耗小、加工过程稳定、生产率高、机械加工性能良好、来源丰富、价格低廉的材料。一般用于做电极材料的有钢、铸铁、石墨、黄铜、紫铜、钨合金等。

选择工具电极极性可以遵循以下原则：

(1) 铜电极对钢，或钢电极对钢，选作“+”极性。

(2) 铜电极对铜，或石墨电极对铜，或石墨电极对硬质合金，选作“−”极性。

(3) 铜电极对硬质合金，选作“+”或“−”极性都可以。

(4) 石墨电极对钢，加工表面粗糙度 Ra 为 15 μm 以下的孔，选做“−”极性；加工表面粗糙度 Ra 为 15 μm 以上的孔，选作“+”极性。

2) 主要电参数的选择

电火花加工过程的电参数为脉冲电源提供的电流峰值 I_e、脉冲宽度 t_i 和脉冲间隙 t_0。其中，电流峰值 I_e 和脉冲宽度 t_i 主要影响加工表面粗糙度和加工速度。这对参数主要根据加工经验和所用机床的电源特性来选择，见表 8-1。脉冲间隙 t_0。主要影响加工效率，但脉冲间隙 t_0 太小会引起放电异常，选择脉冲间隙 t_0 时重点考虑能及时排屑，以保证工件的正常加工。

表 8-1　脉冲电流峰值和脉冲宽度的选择

参数	机床电源特性		加 工 选 择		
	最小	最大	粗加工	半精加工	精加工
I_e/A	$I_{e\min}$	$I_{e\max}$	$\frac{1}{2}I_{e\max}\sim I_{e\max}$ 可取偏大值	$\frac{1}{6}I_{e\max}\sim\frac{1}{2}I_{e\max}$ 可取中间值	$I_{e\min}\sim\frac{1}{6}I_{e\max}$ 可取偏小值
t_i/μs	$t_{i\min}$	$t_{i\max}$	$\frac{1}{12}t_{i\max}\sim t_{i\max}$ 可取偏大值	$\frac{1}{30}t_{i\max}\sim\frac{1}{12}t_{i\max}$ 可取中间值	$t_{i\min}\sim\frac{1}{30}t_{i\max}$ 可取偏小值

3) 提高加工效率的方法

除改善电参数外，提高电火花加工效率也是其工艺性分析的一个重要方面，提高电火花加工效率的方法有以下两个方面。

(1) 工件预加工。由于电加工的效率一般比较低，所以在电加工前要对工件进行预加工，在保证加工成型的前提下，留给电加工的余量越小越好。电火花成型加工余量一般对型腔的侧面单边余量为 0.1～0.5 mm，底面余量为 0.2～0.7 mm；对不通孔或台阶型腔，侧面单边余量为 0.1～0.3 mm，底面余量为 0.1～0.5 mm。

(2) 蚀出物去除。在电火花加工过程中，为了避免加工区的蚀出物发生二次放电，要将其及时去除，否则会影响加工质量和正常的放电加工。蚀出物去除的方式有冲油式、抽油式和喷射式三种。前两种方式在前面的工作液循环过滤系统中介绍过，而喷射式主要在工件或电极不能开工作液孔时采用。

4) 电火花加工方式的选定

电火花加工方式主要有单电极加工、多电极多次加工和摇动加工等，其选择要根据具体情况而定。单电极加工一般用于比较简单的型腔；多电极多次加工的加工时间较长，需电极定位正确，但其工艺参数的选择比较简单；摇动加工用于型腔表面粗糙度和形状精度要求较高的零件。

5) 加工实例

图 8-3 所示为电火花成型纪念币模具。纪念币的直径为 28 mm，型腔深度为 1.2 mm。

(1) 加工工艺性分析。该纪念币的纹路细，要求电极损耗小，还要求光泽好，因此选用电铸电极。

电极极性：“+”，即负极性加工。

图 8-3　电火花成型纪念币模具

工件预加工：模板上下面平磨，四边平面用作定位。

电极安装：以直径为 9 mm 的铜柄作装夹柄并调整其垂直度，要求倾斜度小于 0.007 mm。

排屑方法：采用两边喷射，压力为 0.3 MPa。

加工条件选择：分粗、半精、精和光整等四次加工，其电参数设定见表 8-2。

表 8-2　电参数的设定

加工阶段	I_e/A	t_i/μs	t_0/μs	加工深度/mm	加工条件序号
粗加工	10	90	60	1.0	9958
半精加工	5	32	32	1.1	9959
精加工	2	16	16	1.16	9960
光整加工	1	4	4	1.2	9961

(2) 编制加工程序。纪念币模具数控电火花加工程序如下：

```
G26  Z;                 电极与工件端面定位
G92  X  Y  Z  C;        机床各轴设零
G90  F100;              绝对值加工，加工速度初设为 100 mm/min
M80  M88;               充加工液并保持加工液高度
E9958;                  取出数据库中的第 9958 号加工条件，即粗加工条件
M84;                    打开加工电源
G01  Z – 1.0;           加工方向为 Z 向，加工深度为 1.0 mm
E9959;                  切换电加工条件，代号为 9959，即半精加工条件
G01  Z – 1.1;           加工方向为 Z 向，加工深度为 1.1 mm
E9960;                  切换电加工条件，代号为 9960，即精加工条件
G01  Z – 1.16;          加工方向为 Z 向，加工深度为 1.16 mm
E9961                   切换电加工条件，代号为 9961，即光整加工条件
G01  Z – 1.2;           加工方向为 Z 向，加工深度为 1.2 mm
M85;                    关闭加工电源
M25  G01  Z0.;          机床主轴 Z 向回零
M81  M89;               放加工液回油箱，取消加工液高度保证功能
M02;                    程序结束
```

8.2.2　电火花线切割加工

电火花线切割加工(Wire cut Electrical Discharge Machining，WEDM)也简称线切割，其基本工作原理是利用连续移动的细金属丝(称为电极丝)作电极，对工件进行脉冲火花放电

蚀除金属、切割成型。它主要用于加工各种形状复杂和精密细小的工件，例如冲裁模的凸模、凹模、凸凹模、固定板、卸料板等，成型刀具、样板、电火花成型加工用的金属电极，各种微细孔槽、窄缝、任意曲线等，具有加工余量小、加工精度高、生产周期短、制造成本低等突出优点，已在生产中获得广泛的应用，目前国内外的电火花线切割机占电加工机床总数的60%以上。

1. 电火花线切割加工概述

电火花线切割加工与电火花成型加工的基本原理一样，都是基于电极间脉冲放电时的电火花腐蚀原理，实现对零部件的加工。所不同的是，电火花线切割加工不需要制造复杂的成型电极，而是利用移动的细金属丝(钼丝或铜丝)作为工具电极，工件按照预定的轨迹运动，“切割”出所需的各种尺寸和形状。通常认为电极丝与工件之间的放电间隙在0.01 mm左右。若电脉冲的电压高，放电间隙会大一些。图8-4所示为电火花线切割工作原理示意图。

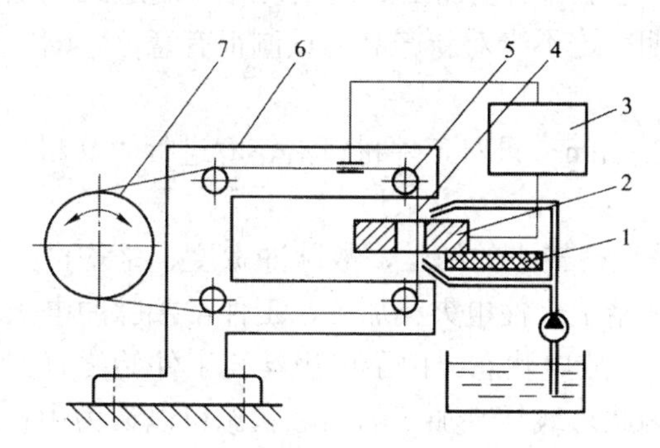

1—绝缘底板；2—工件；3—脉冲电源；4—钼丝；5—导轮；6—支架；7—储丝筒

图8-4 线切割工作原理图

根据电极丝的运行速度不同，电火花线切割机床通常分为两类，一类是高速走丝电火花线切割机(WEDM-HS)，其电极丝作高速往复运动，一般走丝速度为8～10 m/s，电极丝可重复使用，加工速度较高，利于冷却与清洗，而且机床结构简单、价格低廉。但是，高速走丝容易造成电极丝抖动和反向时停顿，使加工质量下降。高速走丝电火花线切割机目前能达到的加工精度为0.01 mm，表面粗糙度Ra值为0.63～1.25 μm。线电极主要采用钼丝(直径为0.1～0.2 mm)，工作液通常用乳化液，也可采用矿物油、去离子水等。高速走丝电火花线切割机是我国特有的线切割机床品种和加工模式，应用广泛。另一类是低速走丝电火花线切割机(WEDM-LS)，其电极丝作低速单向运动，一般走丝速度低于0.2 m/s，电极丝放电后不再使用，工作平稳、均匀，抖动小，加工质量较好，但加工速度较低。可使用紫铜、钨、钼和各种合金以及金属涂覆线作为电极，其直径为0.03～0.35 mm，工作液主要用去离子水

和煤油，精度达±0.001 mm，售价比高速走丝电火花线切割机高得多。这种机床能实现自动卸除加工废料、自动搬运工件、自动穿丝，运用自适应控制技术，实现无人加工。低速走丝电火花线切割机是国外生产和使用的主流机种，属于精密加工设备，代表着线切割机床的发展方向。

电火花线切割加工过程的工艺和机理，与电火花成型加工既有共性，又有特性。

1) 电火花线切割加工与电火花成型加工的共性

(1) 电火花线切割加工的电压、电流波形与电火花成型加工的基本相似。单个脉冲也有多种形式的放电状态，如开路、正常火花放电、短路等。

(2) 电火花线切割加工的加工机理、生产率、表面粗糙度等工艺规律，与电火花成型加工的基本相似，可以加工硬质合金等一切导电材料。

2) 电火花线切割加工的特性

(1) 数控线切割加工是轮廓切割加工，无须设计和制造成型工具电极，大大降低了加工费用，缩短了生产周期。这不光对新产品的试制很有意义，对大批量生产也增加了快速性和柔性。

(2) 切缝可窄达0.005 mm，只对工件材料沿轮廓进行“套料”加工，材料利用率高，能有效节约贵重材料。

(3) 由于电极工具是直径较小的细丝，故脉冲宽度、平均电流等不能太大，加工工艺参数的范围较小，属中、精正极性电火花加工，工件常接脉冲电源正极。

(4) 一般没有稳定电弧放电状态。由于电极丝与工件始终有相对运动，尤其是高速走丝电火花线切割加工，因此，线切割加工的间隙状态可以认为由正常火花放电、开路和短路这三种状态组成，但往往在单个脉冲内有多种放电状态，有“微开路”“微短路”现象。

(5) 采用水或水基工作液，不会引燃起火，容易实现安全无人运转，但由于工作液的电阻率远比煤油小，因而在开路状态下，仍有明显的电解电流。电解效应稍有益于改善加工表面粗糙度。

(6) 由于采用移动的长电极丝进行加工，使单位长度电极丝的损耗较少，从而对加工精度的影响比较小，特别在低速走丝线切割加工时，电极丝一次性使用，电极丝损耗对加工精度的影响更小。

(7) 通常用于加工零件上的直壁曲面，通过 $X—Y—U—V$ 四轴联动控制，也可进行锥度切割和加工上下断面异形体、形状扭曲的曲面体和球形体等零件。

(8) 不能加工不通孔及纵向阶梯表面。

线切割加工已在生产中获得广泛应用，可以加工模具，适用于加工各种形状的冲模、注塑模、挤压模、粉末冶金模、弯曲模等；加工电火花成型加工用的电极，一般穿孔加工用、带锥度型腔加工用及微细复杂形状的电极，以及铜钨、银钨合金之类的电极材料，用线切割加工特别经济；加工零件，可用于加工材料试验样件、各种型孔、特殊齿轮、凸轮、样板、成型刀具等复杂形状零件及高硬材料的零件，可进行微细结构、异形槽和标准缺陷的加工；试制新产品时，可在坯料上直接割出零件；加工薄件时可多片叠在一起加工。

图 8-5 所示为电火花线切割加工的应用。

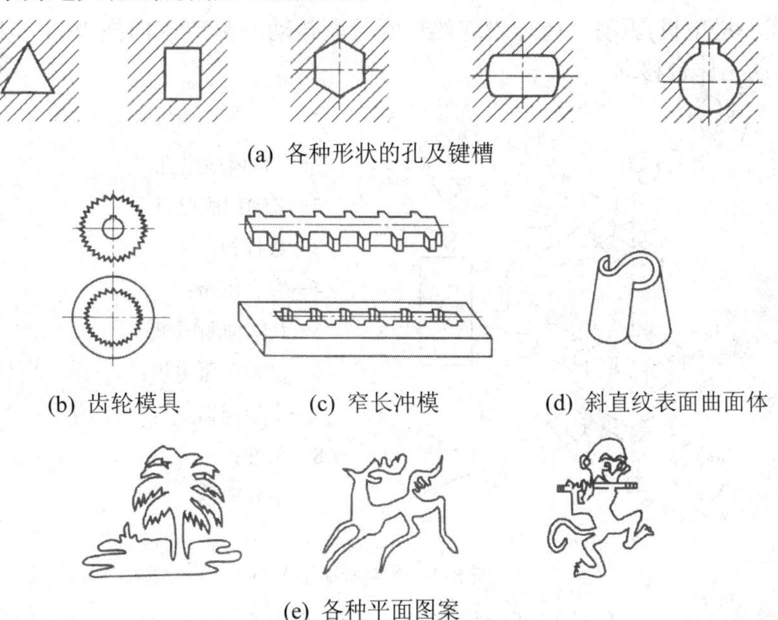

(a) 各种形状的孔及键槽

(b) 齿轮模具　(c) 窄长冲模　(d) 斜直纹表面曲面体

(e) 各种平面图案

图 8-5　电火花线切割加工的应用

2. 数控电火花线切割机

数控电火花线切割机主要由机械装置、脉冲电源、工作液供给装置、数控装置和编程装置以及机床附件等几部分组成。图 8-6 是高速走丝电火花线切割机外形图。

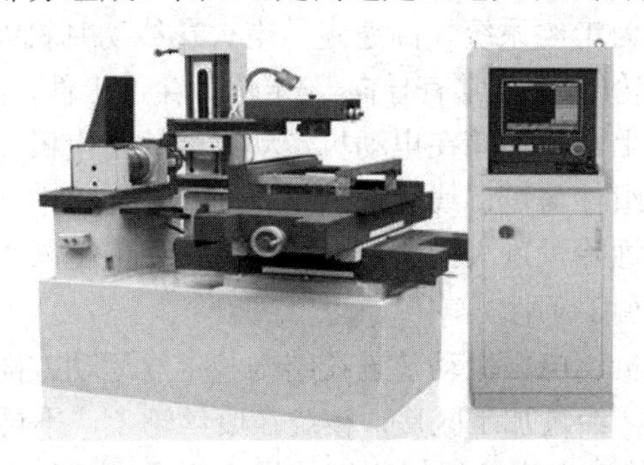

图 8-6　高速走丝电火花线切割机

(1) 机械装置：主要由床身、坐标工作台、丝电极驱动装置、工作液箱、附件和夹具等几部分组成。

坐标工作台可以有 *X*、*Y* 向移动工作台和 *U*、*V* 向移动工作台，如图 8-7 所示。*X*、*Y* 向移动工作台是安装工件、相对线电极进行进给的部分，分别由两台驱动电动机(直流或交流电动机或步进电机)驱动，通过滚珠丝杠螺母副传动，驱动 *X* 向拖板(中拖板)和 *Y* 向拖板(上拖板)带动工作台移动。

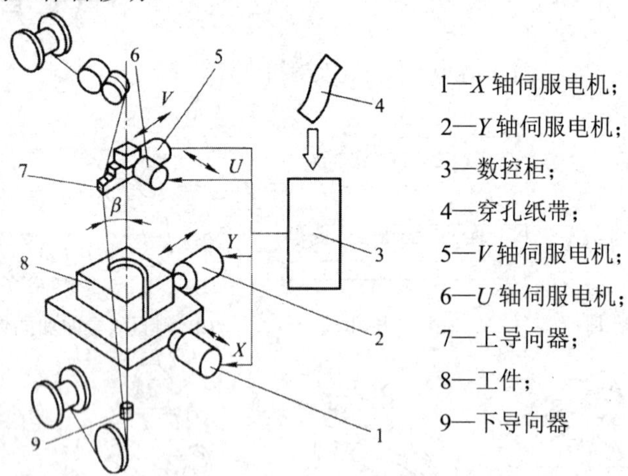

1—*X* 轴伺服电机；
2—*Y* 轴伺服电机；
3—数控柜；
4—穿孔纸带；
5—*V* 轴伺服电机；
6—*U* 轴伺服电机；
7—上导向器；
8—工件；
9—下导向器

图 8-7　丝电极驱动装置

U、*V* 向移动工作台是具有锥度加工功能的电火花线切割机的一个组成部分，通常放在上导向器部位。在进行锥度切割时，驱动 *U*、*V* 向移动工作台，使上导轮相对于 *X*、*Y* 向工作台进行平移，使线电极在所要求的锥度位置上进行移动，这样形成四轴同时控制，其倾斜角度可达 5°，最大甚至达到 30°。实现锥度加工的另一种方法是采用偏移式丝架，主要用在高速走丝电火花线切割机上，其加工的锥度较小。

丝电极驱动装置又称为走丝系统。高速走丝电火花线切割机丝电极驱动装置如图 8-7 所示。丝电极经丝架由导轮(其附近常有导向器)定位，穿过工件，再经导轮返回到储丝筒，被排列整齐地绕在储丝筒上，储丝筒在电动机带动下带动丝电极实现往复走丝运动，切丝的方向与张紧程度由导轮组件与可调线架来调整。在加工过程中，切丝的上下移动不但能避免细丝在放电时因局部蚀除量过大而断丝，还能将工作液带入工作区，带走切削热，冲走蚀除物，优化工作区的加工条件。

低速走丝电火花切割机丝电极驱动装置在结构和走丝运动方面有所不同。丝电极由供丝卷筒提供，作单向运动，经过加工区后，被绕在废丝轮上，不再使用。

(2) 脉冲电源：它是数控电火花线切割机的最重要组成部分之一，与数控电火花成型加工所用的电源在原理上相同，但受加工表面粗糙度和电极丝允许承载电流的限制，线切割加工脉冲电源的脉冲宽度较窄(2～60 μs)，单个脉冲能、平均电流(1～5 A)一般较小，所以它总是采用正极性加工。为提高加工速度，可选择较高的脉冲频率。脉冲电源的形式很多，如晶体管矩形波脉冲电源、高频分组脉冲电源、并联电容型脉冲电源和低损耗电源等。

脉冲电源是影响线切割加工工艺指标的关键。线切割没有粗、精加工之分，在条件一定的情况下，机床的加工速度、加工尺寸精度、表面粗糙度等指标主要取决于脉冲电源的性能。

(3) 工作液供给装置：其作用和组成与电火花成型加工中工作液循环过滤系统的相同。线切割加工采用专门的工作液，如乳化液、去离子水等。

(4) 数控装置和编程装置：电火花线切割机采用CNC控制系统，可以分为控制计算机、操作台、数据和控制接口几部分。加工时可以手工编程，读懂图样后由人工编制加工程序并输入操作控制台，程序信号由接口传到电源箱，通过脉冲电源控制步进电机带动工作台运动。也可利用编程系统自动编程，在编程系统中直接画图(或者借助其他方法将图形矢量转化后传入编程系统)，然后确定起切点和切入顺序，依据系统提示输入加工条件后可自动生成加工程序，再通过接口传到操作台进行加工。

电火花线切割机还配有常用附件，如精密平口虎钳、钼丝垂直度校正器、回转工作台等。

3. 电火花线切割加工工艺分析及实例

图8-8为线切割加工工艺流程图。从图中可以看出，线切割加工工艺一般包括分析图样、电极丝准备、工件准备、编程、电极丝定位、加工和检验等环节。

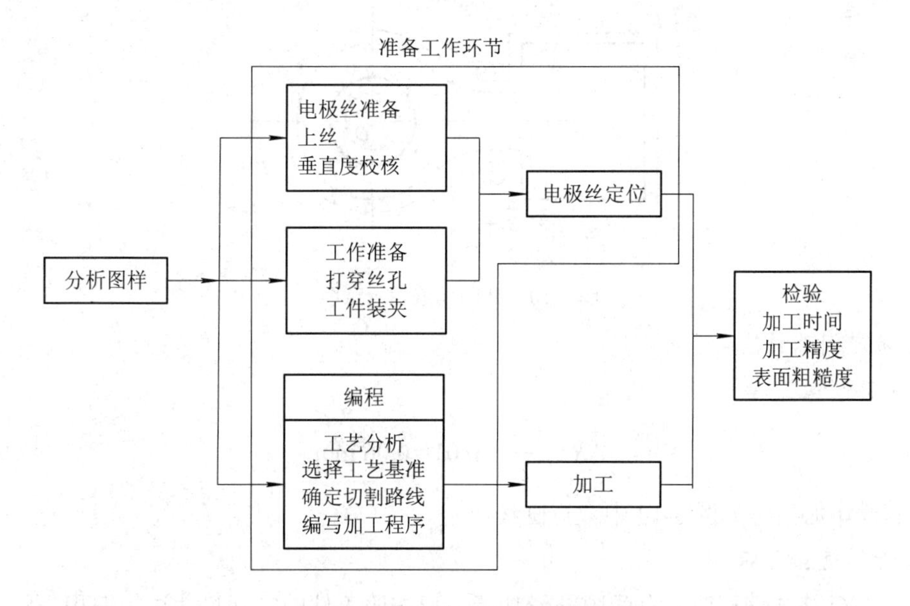

图8-8 线切割加工工艺流程图

目前生产的线切割加工机床都有计算机自动编程功能，即可以将线切割加工的轨迹图形自动生成机床能够识别的程序。线切割程序与其他数控机床的程序相比，有以下特点：线切割加工程序普遍较短，很容易读懂；国内线切割加工程序常用的有 3B(个别扩充为 4B 或 5B)格式和 ISO 格式。其中，低速走丝电火花线切割机普遍采用 ISO 格式，高速走丝电火花线切割机大部分采用 3B 格式。

图 8-9 为一凸凹模零件图，其线切割加工工艺过程如下。

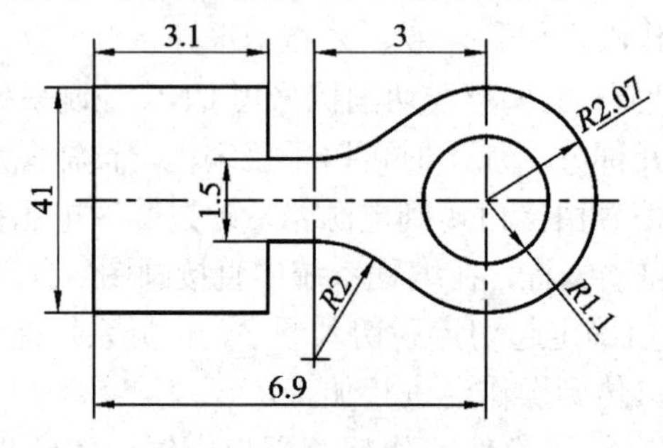

图 8-9　凸凹模零件图

1) 确定计算坐标系

建立如图 8-10 所示的坐标系，以孔的圆心为坐标原点。由于图形对称于 X 轴，所以只需求出 X 轴上半部(或下半部)钼丝中心轨迹上各段的交点坐标值，从而使计算过程简化。

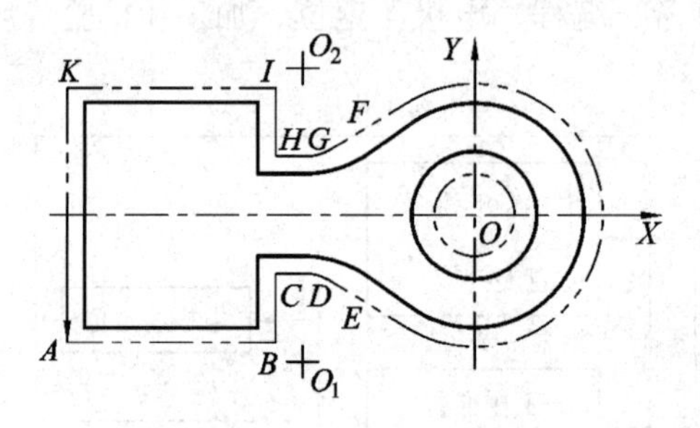

图 8-10　凸凹模编程示意图

2) 确定间隙补偿量

间隙补偿量为

$$\Delta R = \frac{0.1}{2} + 0.01 = 0.06\ \text{mm}$$

电极丝中心轨迹如图 8-10 中双点画线所示。

3) 计算交点坐标

由于 ISO 格式编程时具有间隙补偿功能，可按照工件的实际尺寸进行编程，因此只要计算出工件的几何交点坐标值即可。

4) 确定加工顺序

切割凸凹模时，不仅要切割外表面，而且还要切割内表面，因此要在凸凹模型孔的中心 O 处钻穿丝孔。先切割型孔，然后按 $B\rightarrow C\rightarrow D\rightarrow E\rightarrow F\rightarrow G\rightarrow H\rightarrow I\rightarrow K\rightarrow A\rightarrow B$ 的顺序进行切割。

5) 编写程序单

程序如下：

```
%MOJU
N01  G54  G90  G92  X0  Y0;
N02  G41  D60;
N03  G01  X100  Y0;
N04  G01  X1100  Y0;
N05  G03  X-1100  Y0  I-1100  J0;
N06  G03  X1100  Y0  I1100  J0;
N07  G40;
N08  G01  X1  Y0;
N09  M00;                              取废料
N10  G01  X0  Y0;
N11  M00;                              拆丝
N12  M05  G00  X-30;                   空走
N13  M05  G00  Y-27.5;
N14  M00;                              穿丝
N15  G54  G90  G92  X-2500  Y-2000;
N16  G42  D60;
N17  G01  X-2801  Y-2012;
N18  G01  X-3800  Y-2050;
N19  X-3800  Y-750;
N20  X-3000  Y-750;
N21  G02  X-1526  Y-1399  I0  J-2000;
N22  G03  X-1526  Y1399  I1526  J1399;
N23  G02  X-3000  Y750  I-1474  J1351;
N24  G01  X-3800  Y750;
N25  G01  X-3800  Y2050;
```

N26　G01　X-6900　Y2050；

N27　G01　X-6900　Y-2050；

N28　G01　X-3800　Y-2050；

N29　G40；

N30　G01　X-2801　Y-2012；

N31　G01　X-2500　Y-2000；

N32　M02；　　　　　　　　　　程序结束

8.3　特种加工实习报告相关内容

一、实习准备部分(预习本章内容，简要回答以下问题)

问题 1：何为特种加工？特种加工和传统机械加工相比有哪些特点？

问题 2：什么是电火花加工？它的基本原理是什么？

问题 3：电火花成型加工与电火花线切割加工有何异同？

二、现场实习部分(根据实习要求，以实习模块为单位，详细记录每一模块的实习目的和要求、实习所用设备及工具、实习内容等)

实习模块 1：电火花加工概述，线切割自动编程训练。

实习模块 2：电火花加工操作示范。

实习模块 3：规定或自选零件加工训练。

实习模块 4：其他相关内容。

三、思考拓展部分(在图 8-11 两图中任选其一，也可以自定项目)

设计并采用电火花线切割制作一平面作品，图 8-11 是一些示例。

(a)

(b)

图 8-11　电火花线切割作品示例

附录 1 学生金工实习安全承诺书

(请参加实习的同学认真阅读以下内容，并承诺严格遵守操作规程，为自己及设备的安全负全责! 请签字确认，签字后即表示您已经承诺遵守此安全准则所规定的全部内容！)

实习时间：_______年_____月_____日 至_______年______月______日

在进入金工实训中心各车间进行金工实训前， 实训中心领导和老师已对本人进行了全面的安全教育，现已认识和了解了在实训过程中必须遵守的相关管理规定和安全操作规程。特此承诺，在后续实训过程中做到：

(1) 在得到实训车间指导老师允许的前提下才能进入实训车间进行实践操作，并保证在操作过程中严格遵守各工种安全技术操作规程。

(2) 训练前按各工种要求穿戴好全部防护用品，身着工作服和工作鞋，长发必须配戴工作帽等。不穿拖鞋、凉鞋、高跟鞋及其他不符合要求的服装，不配戴围巾、不戴耳机参加任何实践环节操作。机械加工时不戴手套，在操作过程中按工种要求配戴防护眼镜。

(3) 未了解设备性能或未经指导教师允许前提下不擅自触摸或启动任何机械设备(机床、电器、工具及量具等)。未经老师允许，不随意离开当前实训车间或进入其他实训车间。

(4) 启动设备前及开机后按规定的程序和要求谨慎进行，未经指导老师允许不随意改变实习操作流程及操作的前后工序。

(5) 两人以上同时操作一台机器时，要密切配合其他同学，开机时须与其他同学打招呼，避免事故发生。

(6) 离开机床或因故停电时，一定随手关闭所用设备的总开关。

(7) 在实训中如发现所用设备不正常或设备出现故障，立刻停机并报告指导教师。

(8) 严禁使用电砂轮进行作业，以免造成人身伤害，一经发现成绩记为零分。

(9) 要做到文明生产(实训)，工作场地要保持整洁。使用的工具、量具要分类摆放，工件、毛坯和原材料应堆放整齐。

(10) 实训中如有事故发生，能够迅速切断电源，保护好现场，并立刻向指导教师报告，等候处理。

(11) 操作完毕后，及时整理及清点工具，并做好机床和地面的清洁工作。

(12) 不在实训车间内吸烟、饮食等，不在实习车间内外大声喧哗，杜绝追逐打闹。实践过程中注意力集中，不在实训环节中做与实训教学无关的事。

(13) 同学如患有不适宜以上工种操作的的疾病(如心脏病、高血压或重感冒导致的头晕、眼花等)，必须提前向指导老师及带队老师报告，做特殊处理，以免在操作中发生事故。

经金工实训中心领导、老师及实训带队老师的讲解，本人已经了解并掌握本次金工实训安全管理准则和安全操作规程的全部内容。

承诺人： 学院： 班级：

附录1 学生金工实习安全承诺书

附录 2　金工实习成绩评定表

______学年　第______学期　第______周　______专业

<table>
<tr><td>学院</td><td></td><td>学号</td><td colspan="3"></td><td>姓名</td><td colspan="3"></td><td>实习综合成绩</td><td></td></tr>
<tr><td>学院指导教师</td><td colspan="5"></td><td>组别</td><td colspan="3"></td><td>组长</td><td></td></tr>
<tr><td rowspan="2">实习时间</td><td rowspan="2">实习内容</td><td colspan="8">实习情况</td><td rowspan="2">实习单项成绩
（百分制）</td><td rowspan="2">指导教师</td></tr>
<tr><td colspan="2">迟到（10）</td><td colspan="2">早退（10）</td><td colspan="2">请假（20）</td><td colspan="2">旷课（40）</td></tr>
<tr><td>月　日</td><td>安全教育、操作培训</td><td></td><td></td><td></td><td></td><td></td><td></td><td></td><td></td><td></td><td></td></tr>
<tr><td>月　日
月　日</td><td></td><td></td><td></td><td></td><td></td><td></td><td></td><td></td><td></td><td></td><td></td></tr>
<tr><td>月　日
月　日</td><td></td><td></td><td></td><td></td><td></td><td></td><td></td><td></td><td></td><td></td><td></td></tr>
<tr><td>月　日
月　日</td><td></td><td></td><td></td><td></td><td></td><td></td><td></td><td></td><td></td><td></td><td></td></tr>
<tr><td>月　日
月　日</td><td></td><td></td><td></td><td></td><td></td><td></td><td></td><td></td><td></td><td></td><td></td></tr>
</table>

注：1. 实习期间每天分上、下午考勤；实习第一天为分组、领取工作服、安全教育及操作培训。

2. 实习结束后，按服装大小进行分类，以学院为单位于周五上交到金工实训中心。

3. 实习成绩评定标准，实习报告占 15%，实习日记占 10%，每个工种考勤及实际操作占 15%。

参 考 文 献

[1] 文西芹，张海涛．工程训练[M]．北京：高等教育出版社，2012．
[2] 周伯伟．金工实习[M]．南京：南京大学出版社，2008．
[3] 尹志华．工程实践教程[M]．北京：机械工业出版社，2008．
[4] 崔明铎．工程实训[M]．北京：高等教育出版社，2010．
[5] 尚可超．金工实习教程[M]．西安：西北工业大学出版社，2007．
[6] 郭永环，姜银方．金工实习[M]．2 版．北京：北京大学出版社，2010．
[7] 王宏宇．机械制造工艺基础[M]．北京：化学工业出版社，2007．
[8] 宋瑞宏，施昱．金工实习[M]．北京：国防工业出版社，2010．
[9] 戈晓岚．工程材料与应用[M]．西安：西安电子科技大学出版社，2011．
[10] 卢屹东，刘立国．焊工工艺学[M]．北京：电子工业出版社，2007．
[11] 张远明．金属工艺学实习教材[M]．北京：高等教育出版社，2003．
[12] 姜银方，王宏宇．机械制造工程实训[M]．北京：高等教育出版社，2013．
[13] 刘新佳，孙奎洲，余庆．金属工艺学实习教材[M]．2 版．北京：高等教育出版社，2012．
[14] 金禧德．金工实习[M]．3 版．北京：高等教育出版社，2008．
[15] 周梓荣．金工实习[M]．北京：高等教育出版社，2011．
[16] 李永增．金工实习[M]．北京：高等教育出版社，2006．
[17] 栾振涛．金工实习[M]．北京：机械工业出版社，2004．
[18] 冯俊．工程训练基础教程[M]．北京：北京理工大学出版社，2005．
[19] 张连凯．机械制造工程实践[M]．北京：化学工业出版社，2004．
[20] 严绍华，张学政．金属工艺学实习[M]．北京：清华大学出版社，2006．
[21] 刘书华．数控机床与编程[M]．北京：机械工业出版社，2001．
[22] 黄志辉．数控加工编程与操作[M]．北京：电子工业出版社，2006．
[23] 于万成．数控加工工艺与编程基础[M]．北京：人民邮电出版社，2006．
[24] 王贵成，张银喜．精密与特种加工[M]．2 版．武汉：武汉理工大学出版社，2003．
[25] 黄康美．数控加工实训教程[M]．北京：电子工业出版社，2004．
[26] 左敦稳．现代加工技术[M]．2 版．北京：北京航空航天大学出版社，2009．
[27] 傅水根．现代工程技术训练[M]．北京：高等教育出版社，2006．